基层农技人员培训重点图书

林果生产实用技术

姚允聪　主编

中国农业科学技术出版社

图书在版编目（CIP）数据

林果生产实用技术 / 姚允聪主编 . —北京：
中国农业科学技术出版社，2015.12
ISBN 978-7-5116-2077-4

Ⅰ . ①林… Ⅱ . ①姚… Ⅲ . ①果树园艺 Ⅳ . ① S66

中国版本图书馆 CIP 数据核字（2015）第 085322 号

责任编辑　李　雪　穆玉红
责任校对　贾晓红
出版发行　中国农业科学技术出版社
　　　　　　北京市中关村南大街 12 号　邮编：100081
电　　话　（010）82106626　82109707（编辑室）
　　　　　　（010）82109702（发行部）　82109709（读者服务部）
传　　真　（010）82109707
网　　址　http://www.castp.cn
印　　刷　北京科信印刷有限公司
开　　本　880 mm×1230 mm　1/32
印　　张　8.25
字　　数　238 千字
版　　次　2015 年 12 月第 1 版　2016 年 7 月第 2 次印刷
定　　价　28.00 元

《林果生产实用技术》

编 写 人 员

主　　编：姚允聪

副 主 编：姬谦龙　张　瑞　张　杰

编写人员：（以姓氏笔画为序）

孔　云　沈　漫　沈红香

宋婷婷　宋备舟

目 录
CONTENTS

苹 果

一、主要品种

1. 红富士

日本品种。果实大型，平均单果重 220 g，最大果重 650 g。果面光滑，无锈，果粉多，蜡质层厚，果皮中厚而韧；底色黄绿，着色片红或鲜艳条纹红。红富士是着色系富士的总称。在富士推广栽培过程中，由于其具有较活跃的遗传性变异特点，在日本各地涌现出许多果实着色好的变异单系。

2. 嘎拉

新西兰品种。果实中等大，短圆锥形；果面底色金黄，阳面具有浅红晕，有红色断续宽条纹；果形端正，较美观，果顶有五棱，果梗细长；果皮较薄，有光泽；果肉浅，肉质细脆；果汁多，味甜微酸，十分可口，品质佳。9 月上旬成熟。新嘎拉，又名皇家嘎拉，多数性状同嘎拉，唯其着色明显优于嘎拉，因而得到市场的青睐。

3. 桑萨

又名珊夏，日本品种。该品种树姿直立，干性较弱，短果枝多，早产丰产，坐果率高。8 月下旬成熟，果实圆锥形或扁圆形，单果重230 g 左右；底色黄绿，向阳面浓桃红色，阴面呈桃红色，果面蜡质较厚，皮薄美观；果肉黄白色，松脆爽口，味甜、多汁，有花红果香味，可溶性固形物含量 13% ～ 15%，较耐贮藏，为一个极有发展前途的中早熟品种。

4. 红将军

日本品种。经试栽，表现出良好的经济性状。该品种果实大，近圆形，平均单果重 307 g，果桩高，果实色泽鲜艳，全面浓红；果肉黄白色，肉质细脆、多汁，风味甜酸浓郁，品质上乘。9 月中旬成熟，比富士早熟

30 天以上；耐贮性强，不易发绵，自然贮藏可到春节。红将军苹果可在仲秋节和国庆节前上市，具有广阔的市场前景。

5. 津轻

果实较大，大小一致，扁圆形至近圆形，单果重 200 g 以上。果面平滑，底色黄绿，阳面被红霞及鲜红纹彩。蜡质多，果点较多，大小不一致，小果点为淡，不明显，大果点凸出显著，果皮较薄。果肉黄白色，质细松脆，汁多，味甜，微有香气，品质上等。果实不耐贮藏，室温下放置月余肉质变绵。9 月成熟，果实发育期 115 天，在金帅之前成熟。产量较金帅低，成熟前有落果现象。

6. 金冠

美国品种，又名金帅、黄香蕉。果实大，一般单果重 200 g 以上，圆锥形，顶部稍有棱突；果梗细长，果皮薄，较无光泽，稍粗糙，色绿黄，稍贮藏后变为金黄，采收晚时阳面偶有淡红色晕；果肉黄白色，肉质细密；刚采收时脆而多汁，贮后则稍变软，味浓甜，稍有酸味，芳香清远，生食品质上佳。果实生育期 140 天，9 月中下旬成熟；充分成熟后也不落果，晚采果实果肉淡，生食风味极佳。金冠是世界上的主栽品种之一，也是我国 20 世纪 80 年代以前的主栽品种。

7. 红星（蛇果）

原产美国，又名红元帅，为红香蕉（元帅）的浓条红型芽变，是世界主要栽培品种之一。果实大，圆锥形，单果重 250 g 以上，最大可达到500 g 左右；果顶有五棱状凸起，果桩高，果形美；初上色时出现明显的断续红条纹，随后出现红色霞，充分着色后全果浓红，并有明显的紫红粗条纹，果面富有光泽，十分鲜艳夺目；果点浅褐色或灰白色，果肩起伏不平；果肉黄白色，质中粗，较脆，果汁多，味甜，有浓郁芳香，品质上等。

8. 红玉

美国品种，果实近圆形或扁圆形，单果重 165 ～ 210 g。果面底色黄绿，着色良好者全面呈浓红色，颇美观；阴面或树叶遮盖处果实通常着色不良，仅现红霞。果皮光滑，有光泽，果粉中厚，果点圆而小。梗洼易生片状锈斑，果梗基部稍膨大，果皮薄而韧。果肉黄白色，肉质致密而脆，果汁多，初采时酸味大，味浓厚，有清香味。贮藏后果肉变成浅，酸甜适口，香气浓郁，风味甚佳，品质上等。果实较耐贮藏，贮藏半月以上为最佳食用期。果实发育期120天，9月上中旬成熟，是很好的生食、加工兼用品种，果实极适合加工果汁、果脯等。目前，发展数量极少，但从加工角度来说，应该适当发展。

9. 乔纳金

美国品种。果实较大，扁圆至圆形，单果重250 g左右。果面平滑，底色黄绿，着橙红霞或不显著的红条纹，着色良好的果为全面橙红色，光照不足时着色不良；果面蜡质多，果点多而小，带绿色晕圈，明显易见。果肉浅，质细松脆，味较甜，稍有酸味，有特殊芳香，品质上等。稍耐贮藏，一般可放至春节前后。新乔纳金是日本从乔纳金的芽变中选出的浓红型新品种，植物学特征与乔纳金基本无差别，唯果实着色较浓，有较明显的浓红条纹，综合经济性状优于乔纳金。

10. 王林

日本品种。果实长圆形或近圆柱形，平均单果重180～200 g；全果黄绿色或绿黄色；果面光洁、无锈、果点大、有晕圈、明显，果皮较厚；果肉乳白色，肉质细脆，汁多，风味酸甜，有香气，品质上等。果实发育期180天，在河北省中南部10月中旬成熟。果实耐贮，在半地下土窖中可贮至翌年4月，贮藏中不皱皮。其树势强，树姿直立，分枝角小，萌芽率中等，成枝力强，发中、长枝较多，枝条较硬。开始结果早，苗木栽后3年可结果。长、中、短果枝均有结果能力，以短果枝和中果枝结果枝较多，腋花芽也可结果，花序坐果率中等，果台枝连续结果能力较差，采前落果少，较丰产，适应性强。幼树期间要注意整形，尽早拉枝开角，修剪以轻缓为主，疏直立枝，及时更新衰弱枝条。王林是一个黄色优质品种，在果实的耐贮性、果面光洁无锈方面均优于金冠，以它给富士系品种授粉也很适宜。

11. 澳洲青苹

澳大利亚品种，为世界上知名的绿色品种。果实大，扁圆形或近圆形，单果重 210 g，最大 240 g。果面光滑，全部为翠绿色，有的果实阳面稍有红褐色晕，果点黄白色。果肉绿白色，肉质细脆，果汁多，风味酸甜，品质中上等。很耐贮藏，一般可贮藏至翌年 4—5 月，经贮藏后，风味更佳。果实刚采收时风味偏酸，最适食用期在翌年 2—3 月以后，果实在国内外市场上为高档品种，可用于出口，是生食加工兼用品种。

二、生态习性

1. 温度

一般要求年均温度在 7 ～ 14℃、最低月份温度在 −12 ～ 10℃地区适宜苹果栽培。苹果根系生长的最低温度为 13 ～ 26℃，可忍受 35℃高温和 −9 ～ 12℃的低温。地上部生长最适温度为 18 ～ 24℃，开花最适温度为 17 ～ 18℃，花芽分化最适温度为 15 ～ 22℃，果实成熟最适温度为 20.4℃，可忍受 37 ～ 40℃。

2. 水分

年降水量在 500 ～ 800 mm，分布比较均匀、或大部分在生长季中可满足苹果生育的需要。降水量在 450 mm 以下地区需进行灌溉和水土保持、地面覆盖等保水措施以满足苹果生育的需要。

3. 光照

苹果为喜光果树，要求充足光照，年日照在 2 200 ～ 2 800 小时的地区是适于苹果生长的地区，如低于 1 500 小时或果实生长后期日照不足 150 小时，红色品种着色不良，枝叶徒长，花芽分化少，坐果率低，品质差，抗病虫和抗寒力弱，寿命不长。

4. 土壤

苹果要求土层深厚的土壤，土层不到 80 cm 的地区，需深翻改土。深度达 0.8 ～ 1 m，则不论成土母岩性状如何均可栽植。地下水位需保持在 1 ～ 1.5 m 以下。

土壤含氧量要求在 10% 以上，苹果才能正常生长，不到 10% 时根系及地上部的生长均会受到抑制，5% 以下则停止生长，1% 以下细根死亡、地上部凋萎、落叶、枯死。一般以有相当于 25% 非毛管孔隙，对土壤通气较理想。苹果喜微酸到中性的土壤，pH 值 4 以下生长不良，pH 值 7.8 以上有严重失绿现象。苹果对盐类耐力不高，氯化盐类在 0.13% 以下生长正常，0.28% 以上受害严重。土壤有机质含量要求不低于 1%，能保持 3% 最理想。

三、栽培技术

（一）土肥水管理

1. 土壤管理

苹果树间作物以豆类（包括花生）最好，其次是薯类、瓜类、谷、黍等。当果树行间透光带仅有 1 ~ 1.5 m 时应停止间作。长期连作易造成某种元素贫乏，元素间比例失调或在土壤中遗留有毒物质，对果树和间作物生长发育均不利，因此，间作物要注意轮作。

应加强果园的中耕松土，以保持土壤疏松，通气良好，为根系生长发育始终创造良好的土壤环境。

2. 施肥

（1）基肥

应在中熟品种采收后及时施入，基肥当年即能部分利用，可提高树体当年储藏营养水平。此时根系进入第三次生长高峰，因施肥损伤的根系易产生愈伤组织，对根系亦起到修剪作用，还可促发新根。基肥以腐熟的有机肥为主，添加适量速效化肥或果树专用肥，施肥量占全年总肥量的 60% ~ 70%，幼树亩施 2 000 ~ 2 500 kg 有机肥，混加 20 kg 尿素和 80 ~ 100 kg 过磷酸钙；5 年生以上的树亩施 4 000 ~ 5 000 kg 有机肥混加 40 ~ 50 kg 尿素和 100 ~ 150 kg 过磷酸钙。采取环状沟和条状沟施肥。环状沟施肥，在树冠外缘稍远处挖宽 40 ~ 50 cm、深 40 ~ 60 cm 环状沟，将肥土以 1:3 比例混匀回填，然后覆土。条状沟施肥，根据树冠大小，在果树行间、株间或隔行开宽 40 ~ 60 cm、深 40 ~ 60 cm 的沟施肥，施肥后立即浇水。

（2）追肥

为了调节苹果树生长和结果的矛盾，要及时追肥。追肥可分地下追肥和叶面喷肥。在扩冠期和压冠期追肥，前期以氮肥为主，后期氮、磷、钾配合使用。在丰产期，结果量逐年增多，为了解决结果和生长的矛盾，确保连年丰产优质，对挂果多的树要增加追肥次数，除在开花前、花芽分化前和采收后进行追肥外，还要在果实膨大期追肥，一般早熟品种在6月下旬、中熟品种在7月中下旬、晚熟品种在8月中下旬，以磷、钾肥为主，少施氮肥。采用穴施或井字沟浅施。每亩施硫酸钾70 kg，磷酸二铵5 kg，能增加产量和果实糖量，促进着色，提高硬度。叶面喷肥，主要是补充微量元素，如钙、锌、硼、铁等。此法简单易行，用肥量小，发挥作用快，能及时满足果树对肥的急需，并可避免某些营养元素在土壤中发生化学和生物固定。喷肥一般在生长季节进行，如开花前、落花后、成花前、果实速长期及采收后，若各个时期均能喷布1～2次效果更好。喷布时间最好选在多云或阴天喷施，或晴天的上午10点以前和下午4点以后，中午气温高，溶液很快浓缩，影响喷肥效果或导致肥害。同时叶肥要充分搅拌，喷洒均匀。

3. 水分管理

（1）灌水

灌水时期应考虑不同经济年龄时期所要达到的目的，同时还应根据苹果1年中各个物候期对水分要求的特点、气候特点和土壤水分的变化规律等确定。在扩冠期，每年的前期（从萌芽前至8月）要满足水分的供应，使新梢叶片旺盛生长；中期（8月至10月上旬秋梢停长）可适当控制灌水，使新梢及时停止生长，充实枝条和顶芽，以防冻害和抽条；后期（10月中旬至落叶前）应供足水分，以增加树体的营养积累。在压冠期，开花前（萌芽前至开花前）为给新梢和旺盛生长的叶片供足水分，可灌水1～2次。花芽分化前和花芽分化初期（开花至秋梢开始生长，约至7月中旬）要适当控水，若干旱时，可浇小水，以便抑制新梢生长，这样有利坐果，促进花芽的形成。果实速长期（7月下旬至采收前）直至落叶前，都要满足苹果树对水分的需要，以增大果实，促进花芽分化和积累营养，但在果实采收前1个月要控制灌水，避免由于灌水造成果实品质的下降。沙壤土苹果园在一般情况下，全年灌水5～7次即可满足苹果树生长、结果对水分的需要。在丰产期，需水量比压冠期多，要在落花后进行灌水，以利于新梢生长、坐果和花芽的生理分化。

苹果的灌水量应根据树龄和树冠大小、土壤质地、土壤湿度和灌水方法确定。大树应比幼树灌水多；沙地果园水易渗漏，应少量多次；土壤湿度小，大畦漫灌，要加大需水量。一般情况是以根系分布范围内的土壤（山地深度60 cm左右，平原沙地100 cm左右）含水量达田间最大持水量的60%～80%为适宜。

灌水方法应依照提高效益、节约用水和便于管理的原则确定，目前主要有畦灌、沟灌、喷灌、滴灌和渗灌等方法。

（2）排水

平原果园或盐碱较重的果园，可顺地势在园内及四周修建排水沟，把多余水顺沟排出园外；也可采用深沟高畦（台田）或适度培土等方法，降低地下水位，防止返碱，以利雨季排涝。山地果园要搞好水土保持工程，防止因洪水下泄而造成冲刷。涝洼地果园，可修建台田或在一定距离修建蓄水池、蓄水窖和小型水库，将地面径流贮存起来备用或排走。由于地下不透水层引起的果园积水，应结合果园深翻打通不透水层使水下渗。对已受涝害的苹果树，首先要排出积水，并将根茎和粗根部分的土壤扒开晾根，及时松土散墒，使土壤通气，促使根系尽快恢复生理机能。

（二）整形修剪

1. 整形

（1）小冠疏层形

适宜株距为3～4 m，行距4～5 m的栽植密度。

整形修剪技术要点：在定植后，春季发芽前，于地上80～100 cm饱满芽处定干；萌芽后，新梢生长到 20 ～ 40 cm 时，选留生长健壮的第一个新梢作为中央领导干，其余的新梢用双头带尖的牙签把新梢与主干撑开。在秋季（8 月底至 9 月间）选留第一层主枝和中央领导干，并对第一层主枝拉枝开张角度，主枝基角 60° ～ 80°，辅养枝拉枝角度比主枝要大，可呈 90°。当年冬剪时中央领导干留 40 ～ 60 cm 短截，主枝轻截（枝条总长度的 1/3 以下），为第二年扩大树冠，增加枝叶量。对辅养枝缓放，增加短枝量。第二年春季，在果树萌芽前 40 天开始，对第一层主枝和辅养枝进行刻芽，以两侧和斜背下为主，主要刻枝条中部。冬季修剪时选留二层主枝和侧枝，夏季修剪方法同上。

3 ～ 4 年生采取轻剪法：每年按整形的要求选留主侧枝和二层主枝，如果中央领导干上强，可用弯干方法，弯干出技后再培养领导干，把弯倒的中央领导干作为主枝或辅养枝处理。以后，树冠基本成形，在修剪中以轻剪缓放为主，对主侧枝延长头如有空间进行轻短截，否则一律缓放不短截，辅养枝、临时枝、过渡层枝，以缓放促发短枝，提早结果为主，疏除过密过强的徒长枝及背上枝。5 年以后，树冠形成，并开始大量结果，及时有计划地清理辅养枝，分期分批地控制和疏除，防止一层杂乱，枝量偏多，出现下强上弱现象。如果行间距不足 80 ～ 100 cm 时，对主枝延长枝缓放为主，并及时清理主枝外围延长头、竞争枝，过密枝，防止枝量过多，外围势力过强，以致引起树冠过早交接，光照条件恶化。及时控制上强，当树高超过 3 m 时，进行落头开心，或中干弯曲，及时清除过大、过强的旺枝，改善树冠风光条件。幼树期结果枝组的选留和配置，先以两侧和背下为主，背上为辅原则，尤以 4 ～ 5 年生的，树体已基本成形，枝量充足，采取促花措施后，易出现花量过多，负载过重，造成大小年现象，必须通过修剪、疏花疏果方法及时调节负荷量，保持树势健壮，实现连年优质、稳产、丰产。

（2）纺锤形

有细长纺锤形和自由纺锤形之分。细长纺锤形属小冠树形，适用于矮砧和短枝型品种。自由纺锤形适用于半矮化和短枝型品种。适于每公顷栽 645 ～ 1 245 株，行距 4 ～ 5 m，株距 2 ～ 3 m。这两种树形成形后，树高 2～3 m，冠径 1.5～2 m。第一年修剪时，选用长势较弱的新梢作为延长枝头，对从主干上萌发出来的长枝，根据空间大小改造利用，过密枝从基部疏除；对 2～3 年生的树，如果长势较旺，仍要选用弱枝作延长枝头，但可不必短截。对主干上部着生的旺枝，应及时疏除。经换头后的延长梢，一般不再短截；株间空间不大时，骨干延长枝头也不再短截；4～5 年后，修剪时，长放延长枝头，稳定树冠，注意疏除内膛徒长枝和密生枝。

（3）折叠式扇形

这一树形的适应范围较广，既适用于短枝型品种，又适用于乔砧普通型品种。一般多用于树势旺、干性强的品种。适于行距 2.5～3 m，株距 2 m 左右。

这种树形的特点是：树体较小，整形容易，通风透光良好，结果较早，也易获得早期丰产。

这种树形要求将苗木顺行斜栽，使其与地面呈 45°。幼苗定植后不定干，春季萌芽后，将苗木拉成弓形，距地面约 50 cm，这便是第 1 个水平主枝，拉平苗后约 1 周，再将基部的几个芽子抹除，在弓背上最高处刻芽，使抽生新领导枝，到夏季发出新梢后，再将基部和新领导枝附近的小枝抹除，到秋季，将第一水平主枝上的长枝捋平，缓和其长势；冬季修剪时，剪除背上的直立枝，甩放新领导枝，实际上新领导枝也就是第二水平主枝；第二年春季萌发芽后，再将其拉平，抹去基部 2～3 芽，再于弓背的最高处刻芽，促发第三个新领导枝（第三水平主枝），夏、秋季修剪时，将长枝拉平或捋平，缓和长势，促进成花，冬季修剪时，疏除直立枝和过密枝，新领导枝甩放不剪；第三、第四年再用同样办法，培养第四、第五两个水平主枝，冬季修剪时，仍注意疏除背上的强旺直立枝和密生枝，回缩第一水平主枝。

这一树形成形后，第一水平主枝距地面 50 cm 左右，第二水平主枝在第一水平主枝的对面斜上方，距地面 70～80 cm，两水平主枝间的距离 40～50 cm；第三、第五水平主枝的方向与第一水平主枝同侧，第四、第六水平主枝在第二水平主枝的同一侧。成形以后修剪时，应注意疏除背上的强旺枝及下部无用的徒长枝，注意控制上强和大枝组的长势，保留中、小枝组，进入结果期以后，注意结果枝组的复壮更新，保持健壮树势，维持连年丰产、稳产。

2. 修剪

冬季修剪的基本方法有短截、回缩和疏枝。夏季修剪包括摘心、抹芽、疏梢、扭梢、拿枝、拉枝、环剥等基本方法。

（1）初果期

培养骨架，均衡树势，对一二级枝继续培养选留，并注意调整骨干枝的角度和均衡树势，对上强下弱和外围强的树，要采取疏除部分直立旺枝和轻短截等方法控制上部大辅养枝；对中心干上部过强的可采取连续换头；对下强上弱树采取抑强扶弱的修剪方法。骨干枝中部有较多的辅养枝可用来培养结果枝组，修剪时应向两侧培养，背上枝宜改为侧生枝，防止背上大辅养枝影响通风透光。

（2）盛果期

运用调光、调枝、调花、调势的技术措施，对骨干枝长势强的树，注意疏除或重短截直立枝和竞争枝，以减少外围枝量，打开光路。对留下的延长枝采用缓势修剪；对外围枝头生长弱的，要注意抬高枝头，减少先端花芽，不留梢头果，以恢复生长势；对于中心干要注意换头或落头开花，改善光照，控制冠高，防止郁闭。

（3）衰老期

注意树冠外围各部分枝条的及时回缩，以利于更新复壮，一般可回缩到 2～4 年生枝或徒长枝处。具体做法是：去弱留强，去斜留直，去密留稀，去老留新，去外围留内堂（枝），剪口下留状枝、状芽，集中养分复壮树势。

（三）花果管理

1. 促花技术

苹果的花芽是在开花上一年的生长期内分化形成的，属于夏秋分化型，一般在 6—7 月开始花芽分化。

提高树体营养水平：平衡施肥，以有机肥为主，合理追施氮、磷、钾等速效肥料，施肥后及时灌水。8月中下旬应控制肥水，以增加树体养分的积累量，提高花芽质量。

改善树体通风透光条件：打开果树行间、树冠落头、及时处理内膛徒长枝、控制背上枝的高度、疏除过密枝和重叠枝等。

维持果树中庸和中庸偏旺的生长势：对于生长势偏弱的果树应多施肥，同时控制结果量，恢复其生长势。对于生长势过旺的树，一方面可采用摘心、拉枝开角、甩放等方法缓和其生长势；另一方面对生长旺盛的大树，一般在5月中下旬到6月上旬对主干进行环剥，抑制树体营养生长，促进花芽分化。

合理使用生长调节剂促花：生长正常或过旺的树在新梢旺长初期、中期及秋梢生长期，分别喷0.15%～0.2%浓度的药或0.1%～0.2%浓度的乙烯利2～3次，可有效地抑长促花。也可在新梢开始旺长时叶面喷施0.1%～0.15%浓度的多效唑溶液，同样对促花有效。

2. 提高坐果率

合理配置授粉树：选择授粉品种应注意的问题：三倍体品种如乔纳金、陆奥和北斗等不能做授粉品种；芽变系品种与其原始品种不能相互作为授粉品种，如红星不能作为元帅及元帅系其他品种的授粉品种；如果主栽品种是三倍体品种，要同时配置两个能相互授粉的品种作为其授粉品种。

提高果树营养水平：一是加强上一年采收后的追肥、灌水和病虫害防治工作；二是加强春季管理，及早追肥、灌水和中耕，保证开花坐果对养分的需要，减少开花坐果与枝条生长间的营养竞争。

人工辅助授粉：在花期气候不良时进行，具体方法：一是人工点授，将花粉按1∶2.5的比例填充滑石粉或干燥细淀粉，充分混合，用毛笔或带橡皮头的铅笔每蘸1次可点授5～7朵，每一花序只点授中心花；二是人工撒粉，将花粉与干燥细淀粉按1∶（10～20）的比例充分混合装入2～3层撒粉袋中进行撒粉；三是液体授粉，将花粉、蔗糖、水、尿素充分配成花粉液，滤其杂质，立即喷洒。人工辅助授粉一般在盛花初期进行，所配花粉液必须在 2 小时内喷完，否则，花粉液中的花粉萌发失效。

利用蜜蜂授粉：在整个花期，果园内可放置蜂箱利用蜜蜂传粉。放蜂期间禁止使用杀虫剂。

应用生长调节剂和微量元素：在花期或花后喷布人工合成的生长调节剂，可防止果柄产生离层，提高坐果率。此外花期喷布 0.3% ～ 0.5% 的尿素溶液或 0.1% ～ 0.5% 的硼酸溶液，均可提坐果率。

为防止采前落果，部分苹果品种，如元帅、红星、红玉、丰艳、津轻等，采前落果严重，用喷萘克 1 000 倍液在采收前 30 ～ 40 天和 20 天喷施 1 ～ 2 次，可有效地减少落果。

其他管理技术：花期至花后半月内环剥、花期果台副梢摘心等均可提高坐果率。

3. 疏花疏果

冬季修剪调整花量：在冬季修剪时调整花枝比例，一般应进行"三套枝"修剪，即结果枝、营养枝和预备枝相调节，使正常中庸树或中庸枝的花芽、叶芽比例维持在 1:3。

人工疏花疏果：在盛花初期到末期，对过量的花序和花朵按要求疏花，在谢花后 1 ～ 4 周，对过多的幼果进行疏除。一般疏花疏果越早效果越好，最晚在盛花后 26 天内完成。可疏花蕾也可疏花序，总的原则是留优去劣，使果实均匀分布，维持适宜的叶果比与枝果比。以红富士为例，叶果比（50 ～ 60）:1 为宜，枝果比应为（5 ～ 6）:1 或每 25 ～ 30 cm 留 1 果。疏果时壮树适当多留，弱树适当少留，同一花序中留中心果、长形果、果柄粗壮的果。

4. 提高果实品质

套袋：果实套袋应在幼果期定果后进行，着色系品种在采收前 30 天左右拆袋。果实在套袋前应先喷药，重点喷果面，彻底杀虫杀菌。套袋时要全园进行，先树上后树下，先树内后树外。

树下铺反光膜：在果实进入着色期前期，如元帅在 8 月下旬，红富士在 9 月中旬，在果树行间株间铺设银色的反光地膜，以改善树冠内膛和下部的光照条件，能达到果实全面着色的目的，同时提高果实含糖量。

转果、摘叶：在果实成熟前 20 天左右摘除贴住果实或其周围的 1 ～ 3 片叶，能增加果面对直射光的利用率，提高着色度。同时，可在阳面着色后将果实阴面转向阳光直射的一面，这样可促进果实着色。

修剪：旺树在果实成熟前局部环剥；对透光性差的树体，剪梢可改善光照条件，有利于果实着色；冬季刮树皮可增强树体活力，使果皮光亮，果肉细脆。

防止果锈和防止裂果：金冠苹果的果锈是影响果实商品价值的重要因素，可在果实采收前 1 ～ 3 周喷施 0.5% ～ 1% 浓度的氯化钙（$CaCl_2$）溶液 1 ～ 2 次，对防止裂果有明显的效果。此外，可选富士等裂果轻的品种取代国光。

5. 果实采收

适时采收是保证苹果品质和耐储性的重要条件。元帅系品种宜在落花后 145 天左右采收，此时果实外表有光泽、着色全面。金冠宜在落花后 155 天左右采收，此时果面底色黄绿。

适当晚采有利于提高果实的含糖量，增加着色度。同时解决果实成熟期不一致的问题，使果实的品质发育到最佳程度。

采摘一般按先树冠下部后树冠上部、先树冠外围后树冠内膛的顺序进行，注意保护结果枝，防止踏坏果枝和碰坏花芽，果实要完整无损，勿摘掉果柄，果实轻拿轻放减少碰压伤。

四、病虫害防治

1. 病害

（1）苹果腐烂病

主要发生在结果树的主干和大枝上，也危害小枝和树苗。罹病植株树势严重削弱，造成大量死枝死树。有溃疡型和枝枯型两种症状。病枝、病皮和病枯小枝是该病侵染源。

防治方法：加强肥培管理，控制结果量，增强树势，提高树体对腐烂病的抵抗力。经常检查果园，发现病斑及早彻底刮治，刮后发现病斑及早彻底刮治，刮后涂菌线威 100 倍液，连续涂 2～3 次。春季萌芽前喷国优 101 或菌成 1 000 倍液＋喷茬克 1 000 倍液，可预防发病。清除下来的病枝、病皮均应立即烧毁，以防传染。受害严重的植株可用桥接或脚接法辅助恢复生长势。

（2）苹果炭疽病

在高温多雨的年份发病严重，主要危害果实，引起腐烂和大量落果。病菌在病果、小僵果以及病枯枝上越冬，次年形成分生孢子借风雨传播。

防治方法：结合冬季修剪，彻底清除病僵果和病枯枝。萌芽时全树喷国优 101 或菌成 1 000 倍液＋喷茬克 1 000 倍液进行预防。生长期用 1:（2～3）:200 倍波尔多液与 50% 退菌特 600～800 倍液交替喷布，保护果实。果园防护林忌用刺槐树种。

（3）苹果轮纹病

主要危害枝干和果实，严重时削弱树势，引起落果。有潜伏浸染特性，果实受侵染后，多在近成熟期和贮藏初期发病。多雨年份发病重。苹果品种中以富士受害最重，次为金冠。生长季节中，孢子随风雨传插。

防治方法：加强栽培管理，增强树势，提高树体抗病能力。休眠期彻底刮除枝干上的病斑、老皮，结合防治腐烂病喷施国优 101 或菌成 1 000 倍液＋喷茬克 1 000 倍液。生长期喷药保护果实，前期用 50% 克菌丹 500 倍液，后期可用 1:（2～3）:200 倍波尔多液，或用 75% 百菌清 800～1 000 倍液。

（4）苹果早期落叶病

苹果早期落叶病是苹果叶部几种病害的总称。其中，引起严重落叶的是褐斑病和斑点落叶病（由轮斑病菌中的强毒株系致病）两种。褐斑病主要危害成叶，在金冠、红玉品种中发生严重，斑点落叶病主要侵染嫩叶，在春梢、秋梢旺长期发生两次高峰，元帅系品种受害严重。病菌均在病叶上越冬，其后借雨水飞溅传播。

防治方法：休眠期做好清园工作，扫除落叶烧毁。生长期喷药保护叶片，褐斑病用50%多菌灵或50%甲基托布津800～1 000倍液防治，也可用1:(2～3):240倍波尔多液防治。轮斑病用多菌灵或甲基托布津药剂防治的效果不好，可用50%朴海因（异菌脲）1 500～2 000倍液或10%多氧霉素1 200倍液与240倍波尔多液交替喷布防治。

2. 虫害

（1）叶螨

即红蜘蛛。山楂叶螨以受精雌螨在树干翘皮、树杈及根茎附近土缝中越冬，第二年春季苹果花芽开绽时出蛰上芽危害。苹果叶螨以卵在果台及枝节轮痕处越冬。在国光品种花序伸出时，越冬卵基本孵化完毕。叶螨繁殖速度快，1年内代数多，严重时引起叶片失绿、褐变和脱落。

防治方法：花前喷0.5°Bé石流合剂，谢花后再喷1次。麦收前如虫口密度大，可改喷20%灭扫利乳剂3 000倍液，或用20%螨死净或10%克胜满净2 000～3 000倍液。此外，根据其越冬特点，对山楂叶螨可于秋季在树干上束草诱杀，对苹果叶螨可在萌芽前喷5%重柴油乳剂杀卵。

（2）桃小食心虫

简称桃小，以幼虫危害果实，引起果实畸形、脱落，或不能食用。淮北地区一年发生2～3代，以老熟幼虫在树冠表土下或堆果场所作扁圆形冬茧越冬，翌年初夏雨后幼虫出土，在松软表土或石块下再作长圆形夏茧化蛹。10～12天成虫羽化产卵。

防治方法：做好测报工作，在越冬幼虫集中出土时地面喷药杀灭。药剂可用50%地亚农乳剂450倍液，或用50%辛硫磷乳剂200倍液，间隔10～15天连续喷药2～3次。在成虫发生期利用桃小性透卡测报高峰期，或田间查卵果率达0.5%～1%时，喷30%桃小灵乳剂2 000～2 500倍液，或用2.5%溴氰菊酯（敌杀死）2 500倍液，或用10%氯氰菊酯2 000倍液。并及时摘除虫果。

（3）梨小食心虫

简称梨小，以老熟幼虫主要在枝干翘皮裂缝中结茧越冬。第一至第三代幼虫危害桃梢和苹果梢，第四至第五代幼虫危害苹果或梨的果实。

防治方法：前期彻底剪除被害桃梢，并在树上挂糖醋罐诱杀成虫。进入7月份以后，在苹果园内用梨小性透卡测报成虫发蛾高峰期，在此后3～5天，喷布杀螟松、敌百虫、速灭杀丁等药剂。秋季树干束草，诱杀越冬幼虫

（4）苹果小卷叶蛾

以初龄幼虫在树皮、剪锯口缝隙中结茧越冬。次春吐丝缀叶或缀花危害叶片，啃食果皮。

防治方法：休眠期刮除老树皮烧毁。幼虫近出蛰期，用50%敌百虫200～250倍液封闭剪锯口，减少虫源。成虫发生期苹果园挂糖醋罐诱杀。糖醋液的比例是糖1份、醋3份和水10份。第一代幼虫发生期喷50%杀螟松或50%敌敌畏1 000倍液，或喷布各种菊酯类农药2 000～4 000倍液。

五、周年管理历

苹果周年管理历见表1。

表1　苹果周年管理历

月旬	作业种类	作业主要内容
1至3月 3月下旬	整形 修剪 刻芽拉枝	为加速幼树树形培养及提早结果，骨干枝连年中截并注意枝向的调整，辅养枝培养4～5个错落着生，轻剪缓放开张角度，缓合枝势、疏除背上直立密挤枝 成树骨干枝以轻剪长放为主，开张角度，控制和利用好辅养枝结果，修剪总的方法是，去强留弱，去直留斜，调整各类枝的稀密度，注意不断调整和改善树体通透条件，结果枝组连年结果后要及时更新复壮 1年生辅养枝可进行芽刻伤，骨干枝定向、定位刻芽。通过拉枝做好角度、方位调整

（续表）

月旬	作业种类	作业主要内容
4月上旬 中旬 下旬	浇水追肥 中耕 花前复剪 放蜂或人工 授粉疏花	结合追肥灌水，追肥以速效氮肥为主。灌水后待土不黏时中耕松土保墒 补充冬剪不足，减少无效花和过多的枝条 初花期开始放蜂或人工授粉（仅授中心花） 疏去边花，弱花，仅留中心花
5上旬 中旬 下旬	追肥浇水 疏果 除萌蘖 套袋 夏剪（第一次） 环剥 根外追肥	落花后果实膨大期追速效氮肥为主，随追肥、随灌水 疏去小果、畸形果、病虫果、过多果，做到因树定产因枝留果 去除剪锯口附近的萌蘖 将幼果套入双层袋内 背上直立旺长新梢疏除 1/3，短截 1/3，摘心 1/3 对幼树辅养枝或主干进行环剥 每次结合喷药喷施多元微肥 500 倍液或尿素 200 倍液
6月上旬 中旬 下旬	灌水中耕锄草 夏剪 追肥浇水	根据天气情况灌水 1 次，浇后及时中耕除草 继续对背上旺枝控制，方法同上 此次追肥以磷钾肥为主，结合追肥浇水 1 次
7月下旬	夏剪	疏去部分密挤新梢，生长过旺新梢，继续摘心控制
8月上旬 中旬	排涝 拿枝（拉枝）	雨季前果园做好排涝的各项准备工作
9月中旬 下旬	除袋 摘叶、转果 秋施基肥 采收 剪秋梢	撕开外层袋露出里面红色袋 5～7 日后将袋全部除去 摘去挡光叶片并将果实背阴面转向阳面 以优质有机肥为主，施肥量依树势、树龄和产量而定，一般以 500 g 果施 500 g 肥为宜 根据不同品种成熟期适时采收 剪去全树未停长新梢幼嫩部分

（续表）

月旬	作业种类	作业主要内容
10月上中旬 下旬	翻树盘 灌冻水 幼树防寒	将树盘进行翻土，深20 cm左右 全园灌足冻水 地下铺草或铺塑料薄膜或在西北面打防风墙。幼树早修剪、剪后缠塑料条或喷羧甲基纤维素150～200倍液
11—12月	冬剪	做好整形修剪工作

桃

一、主要品种

（一）普通桃品种

1. 早美

北京市农林科学院培育品种。果实近圆形，果实圆整，果个均匀，色泽鲜艳，成熟时果面近全面玫瑰红色晕。平均单果重 97 g，最大果重 168 g。果肉白色，硬溶质，完熟后柔软多汁，风味甜，可溶性固形物含量 8.5%～9.5%。黏核，不裂核。蔷薇形花，花粉多。树势强健，树姿半开张。花芽起始节位 1～2 节。北京地区 6 月上旬成熟，较春蕾早 3～5 天，比早花露早 2 天左右，果实发育期 50～55 天。

2. 砂子早生

日本国冈山县的上村辉男从购入的神玉、大久保品种的苗木中发现，推测是偶然实生，经鉴定后于 1958 年定名。1966 年引入我国。

果实大，平均单果重 150 g，最大 400 g。果形椭圆，两半部较对称，缝合线中上部发青，果顶圆；果皮底色乳白，顶部及阳面具红霞，皮易剥离；果肉乳白色，有少量红色素渗入果肉，肉质致密，汁液中多，风味甜，香气中等，可溶性固形物 11.7%，核半离。需人工授粉保证产量，增施有机肥提高风味。

3. 仓方早生

日本品种。果实大，平均单果重 127 g，最大 206 g。果形圆，较对称，果顶圆；果皮乳白色，向阳面着暗红斑点和晕，不易剥离；果肉乳白稍带红色，硬溶质，风味甜，有香气，可溶性固形物 12%，黏核。花为蔷薇型，无花粉，需配授粉树。

4. 白凤

日本品种。果实中等大，平均果重 106 g，最大果重 163 g，果形圆，果顶圆平微凹，果皮底色乳白，阳面着玫瑰红晕，外观美，皮易剥离，果肉乳白色，近核处微红，肉质细，微密，纤维少，汁液多，风味甜香，品质上。可溶性固形物 13%。黏核。白凤坐果率高，丰产性好，果形偏小，要注意疏花疏果。

5. 大久保

原产日本。果实近圆形，平均单果重 204 g，果径为 6.92 cm × 7.01 cm × 7.60 cm；果顶圆微凹，缝合线浅较明显，两侧较对称，果形整齐。茸毛中等；果皮浅黄绿色，阳面乃至全果着红色条纹，易剥离；果肉乳白色，阳面有红色，近核处红色。肉质致密柔软，汁液多，纤维少，风味甜，有香气；离核，可溶性固形物含量为 10.5%，含糖量为 7.29%，含酸量 0.64%，每 100 g 果肉含 5.36 毫克维生素 C。北京地区采收期在 7 月底至 8 月初，果实发育期为 105 天。丰产性良好。

品种评价：果大，外观美，品质优，丰产，稳产，树姿极开张，结果后要注意抬高角度。是生产中的主栽品种之一。

6. 晚蜜

北京市农林科学院发现品种。果实近圆形，果顶圆。平均单果重 230 g，大果重 420 g。果皮底色淡绿，完熟时黄白色，果面 1/2 以上深红色晕，硬溶质，风味甜，可溶性固形物含量 14.5%。黏核，不裂果，蔷薇形花，花粉多。北京地区 9 月底成熟，果实发育期 165 天左右。树势强健，树姿半开张。花芽起始节位 1 ~ 2。各类果枝均能结果，丰产性强。

品种评价：果个大，风味甜，颜色红，美观，丰产，品质优，商品价值高。干旱严重时有落果现象。

（二）蟠桃品种

1. 早露蟠桃

北京市农林科学院育成品种。果实扁平形，平均单果重 103 g，最大果重 140 g。果顶凹入，缝合线浅，果皮黄白色，具玫瑰红晕；茸毛中等。果肉乳白色，近核有红色，柔软多汁，味甜，有香气。可溶性固形物含量9%～11%。黏核，裂核少。北京地区6月中旬采收，果实发育期60～65天。

品种评价：为品质优良的特早熟蟠桃，丰产性好。温室栽培表现良好，经济价值高。

2. 瑞蟠13号

北京市农林科学院育成品种。果实扁平形，果中等大，平均单果重133 g，大单果重183 g。果皮底色为黄白色，果面近全面着玫瑰红色晕，茸毛中等。果顶凹入，不裂或个别轻微裂，缝合线浅，梗洼浅而广，果皮中等厚、易剥离。果肉黄白色，皮下果肉有少量红色素，近核处同肉色，无红色素；硬溶质，较硬，汁液多，纤维少，风味甜，有淡香气，耐运输。果核浅褐色，扁平形，核较小，黏核。可溶性固形物含量11%以上。在北京地区6月底果实成熟，果实发育期78天左右。树势强健，树冠较大。早果，丰产。

品种评价：优良早熟蟠桃品种，果面近全红，果顶不裂或很轻裂。果形整齐，果核小，可食部分多。

3. 瑞蟠17号

北京市农林科学院育成品种。果实扁平形，平均单果重127 g，最大果重145 g。果形园整，果个均匀；果顶凹入，不裂顶；缝合线浅，梗洼浅而广，果皮底色黄白色，果面全面着红色晕，茸毛中等。果皮中等厚，易剥离。果肉黄白色，皮下少红丝，近核处无红色。肉质为硬溶质，多汁，纤维少，风味甜。核较小。果核浅褐色，扁平形，半离核。在北京地区7月底果实成熟。果实发育期107天左右。可溶性固形物含量12.3%。

品种评价：优良的中熟白肉蟠桃品种。果面近全红，果顶基本不裂。风味甜，品质上。成花容易，坐果率高，丰产。

4. 瑞蟠3号

北京市农林科学院育成品种。果实扁平形，果顶凹入。平均单果重200 g，大果重280 g。果皮黄白色，果面1/2以上着红晕和斑。果肉黄白色，硬溶质，果汁多。风味甜。黏核。有轻微裂顶。可溶性固形物含量10%～12%。北京地区7月底至8月初果实成熟，果实发育期105天。蔷薇形花，花粉多，雌蕊低于雄蕊。丰产性强。

5. 瑞蟠19号

北京市农林科学院育成品种。果实扁平形，平均单果重161 g，最大果重233 g。果个均匀，果顶凹入，部分果实有裂顶现象；缝合线浅，梗洼浅而广，果皮底色为黄白色，果面全面着紫红色、晕，茸毛中等。果皮中等厚，不能剥离。果肉黄白色，皮下无红丝，近核处同肉色。肉质为硬溶质，多汁，纤维少，风味甜。核较小，黏核。可溶性固形物含量11.3%。在北京地区8月中旬果实成熟，果实发育期119天左右。

品种评价：优良的中熟白肉蟠桃品种。部分果实有裂顶现象，疏果时尽量不留朝天果。

6. 瑞蟠4号

北京市农林科学院育成品种。果实扁平形，果顶凹入。平均单果重221 g，大果重350 g。果皮底色淡绿，完熟时黄白色，果面1/2深红色或暗红晕。果肉为硬溶质。风味甜。黏核。可溶性固形物含量13.5%。北京地区8月底至9月初果实成熟，果实发育期134天左右。蔷薇形花，花粉多，雌蕊与雄蕊等高或略低。树势中等，树姿半开张。各种类型一年生枝均能结果，徒长性果枝坐果良好，丰产性强。

品种评价：优良晚熟蟠桃品种。

7. 瑞蟠20号

北京市农林科学院育成品种。果实扁平形，平均单果重255 g，大果重350 g。果个均匀，果顶凹入，个别果实果顶有裂缝；缝合线浅，梗洼浅而广，果皮底色为黄白色，果面1/3～1/2着紫红色晕，茸毛薄。果皮中等厚，不能剥离。果肉黄白色，皮下无红丝，近核处少红。肉质为硬溶质，多汁，纤维少，风味甜，硬度高。核较小，离核，有个别裂核现象。可溶性固形物含量13.1%。在北京地区9月中下旬果实成熟，果实发育期160天左右。

品种评价：优良的极晚熟蟠桃品种，成花容易，坐果率高，丰产。

8. 碧霞蟠桃

北京市平谷县发现的一棵优株。果实扁平形，平均单果重 99.5 g，最大果重 170 g。果顶凹，缝合线浅，两半部较对称，茸毛多。果皮绿白色，具红色晕，不易剥离，果肉绿白色，近核处红，肉质致密有韧性，汁液中等，味甜，有香气。可溶性固形物含量 15%。黏核。北京地区 9 月下旬成熟。抗冻力强。

（三）油桃品种

1. 曙光

中国农业科学院郑州果树研究所培育。果实近圆形，平均果重 90 ～ 100 g，最大果重 150 g。外观艳丽，全面着浓红色；果肉黄色，硬溶质，风味甜稍淡，有香气，可溶性固形物含量 10% 左右，黏核。在河南郑州地区 4 月初开花，果实 6 月 5 日成熟，果实发育期 65 天。坐果率中等，必须进行长梢修剪，然后疏果，才能保证其产量；风味较淡，秋季要多施有机肥，在果实豆样大时追施腐熟的饼肥 1 kg/ 株，以提高品质。

2. 瑞光 22 号

北京市农林科学院林业果树研究所 1990 年以丽格兰特 ×82-48-1 育成的早熟品种。果实短椭圆形，平均单果重 158 g，大果重 196 g。果顶圆，缝合线浅，果皮底色黄色，表面近全面着红色晕，色泽艳丽。果肉黄色，硬溶质，肉质细，有香气。风味甜，可溶性固形物含量 11.0%，半离核。不裂果。树势强，树姿半开张。花粉多，丰产性强，北京地区 7 月初成熟，果实发育期 76 ～ 80 天。

3. 瑞光 5 号

北京市农林科学院育成的早熟品种。果实近圆形，平均单果重 170 g，最大果重 320 g。硬溶质。风味甜。果面 1/2 红色，黏核，核重 8.2 g。可溶性固形物含量 7.4% ～ 10.5%。铃形花，花粉多。树势强，树姿半开张。

花芽起始节位 1～2。复花芽占 50%。各类果枝均能结果，丰产性强。北京地区 7 月上中旬成熟，果实发育期 85 天。

4. 瑞光美玉

北京市农林科学院育成的中熟品种。果实近圆形，果个大，平均单果重 187 g，大果重 253 g。果顶圆或小突尖，缝合线浅，梗洼中等深度和宽度，果皮底色为黄白色，近全面着紫红色晕。果皮厚度中等，不能剥离。果肉白色，皮下有红色素，近核处有少量红色素。肉质为硬肉，硬度高，汁液中等多，味甜。果核浅褐色，椭圆形，离核。可溶性固形物含量 11%。在北京地区 7 月下旬果实成熟，果实发育期 98 天左右。

5. 瑞光 19 号

北京市农林科学院育成的中熟品种。果实近圆形，果顶圆。平均单果重 150 g，大果重 220 g。果肉白色，硬溶质。风味甜。果面 3/4 至全面玫瑰红晕，果面亮丽。半离核。不裂果。可溶性固形物含量 8.5%～12.0%。花蔷薇形，花粉多。树势强，树姿半开张。花芽起始节位 1～2。各类果枝均能结果，丰产性强。北京地区 7 月下旬成熟，果实发育期 97 天左右。

6. 瑞光 33 号

北京市农林科学院育成的中熟大果型品种。北京地区 7 月下旬果实成熟，果实发育期 101 天。果实近圆形，果顶圆，平均单果重 271 g，最大果重 515 g。果皮底色为黄白色，果面 3/4 以上着玫瑰红晕、色泽艳丽。果肉黄白色，硬溶质，多汁，风味甜。黏核。可溶性固形物含量 12.8%。丰产，花蔷薇形，无花粉。

7. 瑞光 28 号

北京市农林科学院育成的中熟大果型品种。果实呈近圆至短椭圆形，平均单果重 260 g，大果重 650 g。果顶圆，缝合线浅，梗洼中等深度和宽度，果皮底色为黄色，果面近全面紫红色晕。果皮厚，不能剥离。果肉黄色，近核处同肉色、无红色素。肉质为硬溶质，多汁，风味甜。果核浅褐色，椭圆形，黏核。可溶性固形物含量 10%～14%。北京地区 7 月下旬果实成熟，果实发育期 101 天左右，丰产。

（四）黄桃品种

1. 佛雷德里克

美国育成的优系，经法国选出的优良单株并定名。果实近圆形，平均单果重 136.2 g，大果重 203.6 g。果顶圆平稍凹入，缝合线浅，两侧较对称，果形整齐，果皮橙黄色，果面 1/4 具玫瑰红色晕，绒毛较密，皮不能剥离。果肉橙黄色，近核处与果肉同色，肉质细韧，汁液中等，纤维少，不溶质；风味甜酸适中，有香气；黏核，鲜核重 7 g，含可溶性固形物 10.2%。抗冻力较强，早果、丰产性好。在北京地区 8 月上旬采收，果实发育期为 105 天。花为蔷薇形，雌雄蕊等高，花粉多。

品种评价：果实圆整，肉质细韧，无红色，加工适应性好，成品色香味兼优，鲜食风味也较浓。是一个优良的中熟罐藏黄桃品种，可在罐桃基地发展。

2. 明星

日本育成品种。果实圆形，果顶具小突尖，缝合线中等深，两半较对称。平均单果重 217 g。果皮黄色，果面有少量红色晕。果肉黄色，核周微红，肉质为不溶质，汁液少，味甜酸，可溶性固形物含量 10.5%。黏核，成熟期为 8 月上中旬。花芽形成良好，小花型，丰产。

3. 金童 5 号

美国育成品种。果实近圆形，平均单果重 158.3 g，大果重 265 g。果顶圆或有小凸尖，缝合线浅，两侧较对称，果形整齐。果皮黄色，果面 1/3 ~ 1/2 具深红色晕，绒毛中等，不能剥离。果肉橙黄色，近核处微红，肉质细韧，汁液中等，纤维少，为不溶质，风味甜酸，有香气，黏核，鲜核重 9.45 g。含可溶性固形物 9.9%。加工成品块形整齐，金黄色，汤汁清，肉质细而柔韧，酸甜适中，有香气。在北京地区采收期在 8 月上中旬，果实发育期为 110 天。花为铃形，雌蕊稍高，花粉多。

品种评价：优良的中晚熟加工品种，产量高，加工适应性好。

4. 金童 7 号

美国育成品种。果实近圆形，平均果重 178.4 g，大果重 220 g。果顶圆有时有大凸尖，缝合线浅，两侧较对称，果形整齐。果皮橙黄色，果面 1/3 以上有深红色条纹，绒毛中等，不能剥离。果肉橙黄色，近核处微红，肉质细韧，汁液中等，纤维少，为不溶质，风味酸多甜少，有香气，黏核，鲜核重 8.28 g。含可溶性固形物 10%，可溶性糖 6.41%，可滴定酸 0.56%，维生素 C 7.91 mg/100 g。加工成品块形大而整齐，肉厚橙黄色，汤汁清，肉质细韧而柔软，酸甜适中，有香气。在北京地区采收期在 8 月中旬，果实发育期为 115 天。

品种评价：该品种为晚熟优良加工品种，产量高，加工适应性好。有的果形过大，需装 800 g 罐。

5. 格劳核依文

北京市农林科学院引入品种。果实圆形；平均果重 186.6 g，大果重 200 g。果顶平，缝合线浅，两侧不对称，果形较整齐；果皮底色黄，阳面有暗紫红色晕或条纹，绒毛中多，皮不能剥离。果肉金黄色（色卡 7 级），近核处微红，肉稍细，纤维少，汁液少，为不溶质，风味酸多甜少，黏核。含可溶性固形物 9%。加工成品罐头橙黄色，有光泽，块形完整，大小均匀，软硬适度，甜酸适中，有香气，品质优。9 月上旬果实采收，果实发育期约 150 天。

该品种果形大，耐煮，加工性能好，晚熟，可延迟加工期，加工成品品质优。

二、生态习性

1. 温度

桃树对气候条件要求不严格，除极热极冷地区外，均能栽培，但以冷凉温和气候生长最好。生长适宜温度为 18 ~ 23℃，果实成熟适温 24.5℃。温度过高，果顶先熟，风味淡，品质差。桃树具一定耐寒能力。一般品种可耐 –25 ~ –22℃以上的低温。有些花芽耐寒力弱的品种，如深州蜜桃、中华寿桃等在 –18 ～ –15℃时即遭冻害。桃花芽萌动后若遇 –6.6 ～ –1.7℃的低温即受冻，开花期 –2 ～ –1℃、幼果期 –1.1℃受冻。桃树在冬季休眠期需要一定量的低温才能正常萌芽生长开花结果，通常以 7.2℃以下小时数计算，称需冷量。栽培品种的需冷量一般为 600 ～ 1 200 小时。

2. 水分

桃树较耐干旱，但在早春开花前后和果实第二次迅速生长期必须有充足的水分，果实才能正常发育。桃要求适宜的土壤田间持水量为 60% ～ 80%。不耐涝，因桃树根呼吸旺盛，耗氧量大。宜栽在地下水位较低，排水良好的土壤。

3. 光照

桃原产地海拔高、光照强，形成喜光的特性，表现为树冠小、干性弱、叶片狭长。光照不足，枝叶徒长，花芽分化少，落花落果严重，果实品质变劣，小枝枯死，树冠内膛光秃，结果部位外移。

4. 土壤

桃适宜在土质疏松排水良好的沙壤土生长。过于黏重的土壤，容易患流胶病。在 pH 值 4.5 ～ 7.5 范围内生长良好。在碱性土中容易发生黄叶病。土壤含盐量高于 0.28% 以上生长不良或导致植株死亡。因此，盐碱地若栽培桃树应先进行土壤改良。

三、栽培技术

（一）土肥水管理

土壤管理：以间作法为主，即果园内套种矮秆杆作物，以防止土肥水流失。

施肥管理：施肥时期与施肥量见表 2。

水分管理：忌涝，雨季节要及时排水。干旱季节灌水。

表 2　施肥时期与施肥量

项目		幼树	结果树
基肥	施肥时期	10 月中下旬	果实采收后
	种类	农家肥	农家肥
	用量	25 ～ 50 kg/ 株	100 ～ 150 kg/ 株；占全年施肥量：早熟 70% ～ 80%；晚熟占 50% ～ 70%
追肥	土施　时期	发芽前后	发芽前半个月
		7 月下旬	开花前后
		采收前	核开始硬化期
			采收前
			采收后
	种类	速效性 N、P、K 肥为主，中后期 P、K 肥或复合肥	二元三元复合肥，前期以 N 肥为主
	用量	每年每公顷折合纯 N、P、K 分别在 300、150、225 kg 以上	每产 50 kg 果实施纯 N 0.3 ～ 0.4 kg，纯 P 0.2 ～ 0.25 kg，纯 K 0.3 ～ 0.4 kg
	叶面施肥	按成熟期不同分别于花期、幼果期、硬核期进行叶片测定指导施肥	盛花期喷布 0.2% 的硼砂

（二）整形修剪

1. 主要树形及整形

（1）"Y"字形

干高 40 ～ 50 cm，定干后第一年待新梢长到 15 ～ 20 cm 时，选留两个伸向两行间、生长势相近、发育良好的邻近新梢为主枝，其他芽枝从基部去掉（不用夹皮枝）。8 月中旬后两个主枝角度加大到 50°。冬剪时留 40 ～ 50 cm 剪截，栽后第二年，冬剪在一级主枝上选留长势相近、角度与方向合适的 2 个一年生枝，培养成二级主枝，剪留长度为剪口下 1 cm 处，全树共 4 个延长头，行间每侧均匀分布两个，按 70° 向外延长。第二年冬剪时主枝生长量已占行间达到 70% 的用累头法，不足 70% 的延长头继续剪到粗度 1 cm 处。下年继续延长生长。

（2）自然开心形

干高 40 ～ 50 cm，定干后新梢长到 15 ～ 20 cm 时，选留 3 个邻近或错落、分布均匀、生长势相近、发育良好的一年新梢为主枝，其他芽枝从基部去掉，冬剪时，主枝剪留长度为 45 ～ 50 cm。角度 45°，栽后第二年冬剪在每个一级主枝上选留 2 个二级主枝，全树共 6 个二级主枝，冬剪时剪留长度不超过 1.5 m，剪口粗度不低于 1 cm，角度为 70°。单轴延伸。第二年延长头生长量已占行间 70% 以上，采取累头法，所谓累头法就是对延长头不短截对延长头上的副梢结果枝全部甩放结果。两行树之间留 80 ～ 100 cm 的空间为作业路。

（3）自然杯状形

定干高 60 ～ 65 cm，主干上分生 3 个一级主枝，没有中心干；3 个一级主枝头以二叉式分枝形式，分生成 6 个二级主枝；以后根据品种特性，直立品种 6 个二级主枝分生成 7 ～ 8 个三级主枝、半开张品种分生成 9 ～ 10 个三级主枝、开张品种分生成 11 ～ 12 个三级主枝。在各级主枝的外侧着生外侧枝 12 ～ 15 个，上下外侧枝错落生长，外侧枝上着生结果枝组。

2. 修剪时期

可分为冬季修剪和夏季修剪。

冬季修剪在桃树落叶后休眠期（一般在当年 12 月至翌年 2 月）进行，原则是 3 大主枝的外围延长枝头要轻、头要小，一般只留 1 ～ 2 个枝，剪去所有的下垂枝、弱枝及病虫枝。

夏季修剪是春季萌芽后到秋季落叶前进行的辅助修剪，有抹芽、摘心、拉枝等。第一次夏剪在 4 月下旬、5 月初进行。夏剪时要选好延长头，去掉并生芽枝，留方向和角度适合的芽和新梢。第二次夏剪，在新梢迅速生长期（5 月下旬）进行。主要是控制剪口芽下的竞争枝，背上直立枝，对以上两种枝留 20 cm 剪截。第三次夏剪，在花芽分花期（6 月下旬至 7 月上旬）进行。继续控制背上枝，对第二次夏剪时生长出来的副梢枝如有空间方向的留 1～2 个，其余剪掉；疏除过密枝，以改善光照，促进花芽分化。第四次夏剪在 7 月下旬至 8 月上旬进行。主要是对上次夏剪后背上新发出的 70 cm 以上的副梢枝留 20 cm 短截，以改善中晚熟果实的通风透光条件，有利着色。

3. 不同年龄时期桃树的修剪

（1）幼树（1～4 年生）

桃幼树要培养牢固的骨架，迅速扩大树冠，有计划培养结果枝组，并在此基础上增枝促花。幼树整形要冬夏相结合，冬剪是在夏剪的基础上进行的。运用夏剪技术，利用二次枝，加速树冠扩大，并提前结果。幼树整形分 3 个阶段进行：第一阶段是定植当年，选留三主枝；第二阶段定植后第二、第三年，以少量结果延缓树势，并培养牢固的骨架；第三阶段是定植后第二、第三年。

修剪方法如下。

幼树整形期间各级主枝及侧枝生长粗度要求及冬季修剪长度见表 3。

表 3 桃幼树冬剪量化指标

枝干级别	要求达到粗度（cm）	剪留长度（cm）	长粗比
1	1.5～2.0	45～50	25∶1
2	1.5～20	50～65	（25∶1）～（27∶1）
3～4	2.0～2.5	55～75	（27∶1）～（30∶1）
5	1.5～2.0	50～65	（25∶1）～（27∶1）

侧枝级别	要求达到粗度（cm）	剪留长度（cm）	长粗比
1	1.5～1.8	33～40	22∶1
2～6	1.5～2.0	37～50	25∶1
7 年以上	1.5～1.8	33～40	22∶1

主枝二杈分枝时，按照抑强扶弱的加以调整，即强短弱长，长度相差不超过 8 cm。

生长季节的修剪用除萌、剪梢、摘心、扭梢、拿枝等方法控制况争枝，要做到二固定、二及时、即固定好要培养的主侧枝延长枝，及时控制竞争枝和其他旺枝，及时做好主侧枝延长枝的摘心工作，以使其按延伸角度生长。

侧枝的选留与修剪：侧枝要与主枝保持明显的主从关系。一个主枝上选留 1～2 个侧枝，其粗度是主枝延长枝的 2/3～3/4。冬剪时剪留长度应不少于主枝剪留长度的 1/2（25～50 cm）；侧枝角度要在 90° 左右，选留侧枝不要交叉重叠以免遮光；侧枝间距离不少于 120 cm。

结果枝组的配备及其培养：利用长果枝和徒长性果枝培养成小型结果枝组，第一年按长果枝剪留，视其长势进行缩剪调整；利用主侧枝的两侧和内膛上着生的 1～1.2 cm 组的徒长性果枝或经过控制的竞争枝培养中型结果枝组，第一年剪留 8～10 个芽节，第二年根据发枝情况和生长势强弱剪留调整；大型结果枝组在主枝的外侧培养，利用 1.2 cm 以上的发育枝，按外侧枝的剪留方法培养。

果枝的修剪：长果枝剪留 7～8 节花芽；中果枝剪留 4～6 节花芽；短果枝剪 2～3 节花芽；花束状果枝只疏不短截。果枝剪口芽要背上枝留侧芽或下芽，背下枝留上芽，侧生枝留上芽或侧芽，徒长性果枝不做培养枝组用时要疏除；结果枝之间在修剪以后枝头相距 15～18 cm。

副梢果枝的修剪：副梢果枝多着生在主枝及粗壮枝上，幼树期以副梢果枝的结果为主，主枝剪口芽以下 20 cm 范围内的副梢留作来年的侧枝用，中部和中部以下的副梢留作结果；枝粗度在 1 cm 以上的可以培养成结果枝组。对于不作结果用的副梢只留基部一二个芽子剪截。

（2）初、盛果期（5～18 年生）

因树修剪，随枝作形，看芽留枝，区别对待；保持树势平衡和明确的从属关系，更新结果枝组，树冠顶端少留枝，扩大下部枝组；盛果中、后期修剪"压前促后"，要培养与选留预备枝；结果枝与预备枝的比为树冠上部 2：1；树冠中部 1：1；树冠下部 1：2。

修剪方法如下。

盛果期主枝延长枝的修剪：延长枝粗度保持在 1 cm，剪留长度为 25 ~ 30 cm；树冠停止扩大后，缩剪到 2 ~ 3 年生枝上，使其萌发出一年生的新枝头，2 ~ 3 年再次缩剪，放缩交替使用，保持骨干枝延长枝的生长势及树冠的大小；侧枝延长枝粗度保持在 0.7 cm，修剪要上部侧枝重短截，剪留粗长比为 1∶20；下部侧枝轻短截，剪留粗长比为 1∶25。保持侧枝角度 70° ~ 90°。

盛果期对枝组的修剪：以培养更新为主，当枝组出现发枝力弱，基部多细弱枝、短枝和花束状果枝或结果部位远离骨干枝时，即需要更新。回缩并疏除基部过弱的小枝组。膛内大中枝组出现过高或上强下弱时，轻度缩剪，保持高度 50 cm 以下，以果枝当头限制其扩展。枝组不弱又不过高时，只疏强枝；侧面和外围生长的大中枝组截、缩原则与侧枝修剪相同，弱时缩、壮时放，放缩结合，维持结果空间。

盛果期对结果枝修剪：长果枝剪留长度为 15 ~ 30 cm，中果枝 8 ~ 15 cm（芽节位偏高、果枝节间较长、成熟期早、果形偏小、落果重、易受冻害的品种或罐藏加工品种长留）。长果枝保留 5 ~ 10 节，中果枝保留 3 ~ 5 节好花芽为宜。短果枝不宜随便短截，疏除过密花束状果枝。角度按枝的侧方向培养成 45° ~ 70°。

结果枝在结果后成枝力减弱，需要及时更新。方法有二：一为单枝更新，对果枝短截适当加重，使既能结果又能发生新梢作为来年结果枝。二是双枝更新：冬剪时在母枝上部的果枝长留，次年用以结果，在其附近或着生在母枝下部的果枝重截（弱枝留 1 ~ 2 节，壮枝留 3 ~ 5 节），翌年不结果，使其抽生壮实新梢，预备下一年结果，被重截的果枝即为"预备枝"。下年冬剪时将已结过果的果枝剪除，预备枝上所发生的新梢留一个作结果枝，另一个重截，作预备枝。采用双枝更新修剪的同时，配合上扭梢、拿枝等措施，压低结果枝的部位，使预备枝转变到顶端位置上。

（3）衰老期

更新复壮、恢复树势、延长其结果年限。利用内膛徒长枝更新树冠，主干枝缩剪加重，依衰弱程度缩到 3～5 年生部位，缩剪骨干枝时保持主侧枝间的从属关系。对衰弱的骨干枝可利用位置适当的大枝组代替。加强枝组的回缩更新，多留预备枝，疏除细弱枝，养分集中于有效果枝。

（三）花果管理

疏花：当花量大时需进行疏花，在授粉不良、低温冻害或阴雨天时不宜疏花，以免造成产量下降。一般在盛花后进行，疏花对象为畸形花、密簇花以及发育不良的多柱头花等。

疏果：在落花后一个月至桃果硬核前进行。根据叶幕分布状况和枝条生长势头留果，坚持弱枝少留，强枝多留，叶幕层浓厚的多留，长果枝可留 3～4 个，中短果枝留 2～3 个，副梢果枝留 1～2 个，弱枝弱序可全枝全序疏除。疏果的对象主要是小果、畸形果、病虫果、机械伤果以及过密果等，选留果枝两侧和向下生长的果。疏果时，要用果剪或枝剪，注意保护所留桃果和枝梢不受损伤。

套袋：是防治病虫害和提高果实品质的主要措施之一，时间应紧接定果或生理落果后，一定要在吸果夜蛾大量发生前对桃果进行套袋。

采收：果面呈粉红色或带红晕，果实达可采成熟度时，即可采摘。在阴天或晴天露水干后实行"一果两剪法"采果。采摘时从外围、上部先采，不要伤果蒂，轻拿轻放，更不能抛掷和倾倒；阴面或着色差的果实可后采摘。

四、病虫害防治

主要病害有细菌性穿孔病、缩叶病、流胶病、褐腐病等，主要虫害有桃蚜、红颈天牛等。防治主要是改善果园生态环境，保护利用天敌，进行综合防治。

1. 病害

（1）桃炭疽病

防治方法：清洁田园、清除僵果和病枝，清除病原。注意桃园排水。药剂防治于早春芽萌动前喷 5°Bé 石硫合剂一次消灭越冬病原，落花后每隔 10 天左右，喷一次 500 倍的 50% 托布津，25% 多菌灵，50% 退菌特或代森锌等共喷 3～4 次均有较好的防治效果。

（2）桃干腐病

防治方法：桃腐烂病只能从伤口或皮孔入侵，故加强肥水管理，增强树势，防治虫害和减少人为伤口，都有防治作用。药剂防治，于萌芽前喷布 5 °Bè 石硫合剂，或退菌特、托布津等，用法同桃炭疽病。对已染病的病斑涂石硫合剂渣等也有防治效果。

（3）细菌性根瘤

防治方法：不使用老桃园、老苗圃以及有根瘤发生的土地育苗。加强检疫工作，销毁病苗。苗木消毒，用 K84 浸根 5 分钟，浸泡范围为接口以下部位。在已发生根瘤地区，对有病苗木可剪去病瘤烧毁，再用 K84，加水稀释 30 倍，浸根 5 分钟，加强地下害虫的防治，减少根部伤口，都有防治的效果。

（4）细菌性穿孔病

主要发生在叶片上，也能危害新梢和果实。发病初期叶片上呈半透明水渍状小斑点，扩大后为圆形或不整圆形，直径 1～5 mm 的褐色或紫褐色病斑，边缘有黄绿色晕环，病斑逐渐干枯，周边形成裂缝，仅有一小部分与叶片相连，脱落后形成穿孔。

冬季剪除病枝集中烧毁，消灭越冬菌源。萌芽前喷 5° Bè 石硫合剂，5—6 月，喷 500 倍代森锌液 1～2 次，有良好防治效果。

（5）桃树流胶病

此病分为两种，即流胶病和疣皮病，其区别是流胶病始发生在主干和主枝上，疣皮病始发生在 1～2 年枝。

① 流胶病在干枝上均可发生。多年生枝干上染病后呈 1～2 cm 的水泡状隆起，一年生新梢常以皮孔为中心，呈突起状。染病部位渗出透明柔软的胶液，与空气接触后变成茶褐色的胶块，导致枝干溃疡，树势衰弱，严重时枝干枯死；② 疣皮病的发病初期在 1～2 年生枝的皮孔上发生疣状小突起，渐发展成约 4 cm 直径疣状病斑，表面散生小黑点（分生

孢子）。第二年春夏病斑扩大，破裂，溢出树脂，枝条变粗糙而黑，严重时枝条皮层坏死而干枯。

防治方法：春季发芽前用 5 °Bè 石硫合剂或 100 倍 402 抗菌剂涂抹病枝干，在病高发季喷布抗菌类药物，防治蛀枝干害虫减少伤口。冬季用石灰乳对主干进行涂白保护。

2. 虫害

（1）蚜虫

危害桃树的蚜虫主要有 3 种，即桃蚜、桃粉蚜和桃瘤蚜。

防治方法：清园除尽杂草及剪下枝条；消灭越冬虫、卵。展叶前后用吡虫啉、菊酯类农药效果好，1 000 倍杀螟松等都有较好的效果。喷药次数根据虫情而定，一般如喷药及时细致，1 ～ 2 次即可控制。另外，利用天敌如瓢虫、草蛉、蚜茧蜂等。天敌防治是今后发展的方向。

（2）红蜘蛛

防治方法：深翻地，早春刮树皮消灭越冬成虫。防治红蜘蛛的药剂很多，阿维菌素对红蜘蛛效果较好；萌芽前用石硫合剂可有效减少红蜘蛛基数，萌芽期用 1° ～ 3 °Bè，生长期用 0.3 °Bè，50% 的三硫磷乳剂 3 000 ～ 4 000 倍，杀虫都有良好效果。

（3）梨小食心虫，又名桃折梢虫

防治措施：剪虫梢，摘虫果，集中焚毁。

关键时间喷药，喷药时期：① 花前，花后；② 蛀果前；③ 各代成虫高峰期过后。因害虫蛀食枝或果肉，喷药一定要适时，掌握在未蛀入之前才能收到好的效果。毒死蜱系列农药防治效果较好，如 40% 毒死蜱、40% 安民乐、48% 乐斯本等。甲维盐系列农药，如 1.5% 华戊 2 号、2% 杀蛾妙、1% 威克达、0.5% 金色甲维盐等。生物制剂：10% 福先（10% 呋喃虫酰肼）。

（4）桃潜叶蛾

防治方法：由于该虫潜入叶内危害，在防治上主要应抓住越冬期及成虫期防治。在冬季清扫落叶集中烧毁消灭越冬的蛹。4 月中下旬成虫第二代羽化期及时喷布灭幼脲效果较好，可有效的消灭越冬第一代成虫。生长季视成虫羽化盛期进行喷药防治。

（5）桑白蚧壳虫

以雌成虫和若虫群集固着在2年生以上枝条上，2～3年生枝上数量最多，吸食枝上养分。严重时整个枝条为虫覆盖，甚至重叠成层，其分泌的白色蜡质物覆满枝条。此虫北方发生2代。以受精的雌虫在枝干上越冬。

防治方法：在个别枝上初发现，立即剪去枝条烧毁，刮除成虫集中烧毁，用10%碱水刷危害枝干也可。药剂防治喷杀幼虫，必须严格掌握在幼虫出壳，尚未分泌毛蜡的一周内才有效，但一旦幼虫分泌毛蜡后就难于杀死。另外，保护红点唇瓢虫，日本方头甲寄生蜂等天敌也有防治效果。

五、周年管理历

桃树周年管理历见表4。

表4　桃树周年管理历

时间	作业项目	主要工作内容
	制定年度桃园管理计划	
	冬季整形和修剪	
1—2月	树林保护与清园	涂伤口保护剂：伤口直径在1 cm以上的剪锯口要涂保护剂 清园：剪除病虫枝，刮老粗皮，清除果园中的残枝落叶，消灭越冬病虫源
	检查沙藏砧木种子	适时翻动，防止温度过高并拣出霉烂种子
	苗木剪砧	

（续表）

时间	作业项目	主要工作内容
3 月	建新园	
	冬季整形修剪	3 月上旬前做完
	发芽前追肥	以速效氮肥为主，追肥后立即浇水
	果园防霜	霜前灌水、熏烟等
	树体保护与清园	清园、刮老皮、保护伤口要在 3 月中旬前完成，3 月下旬解除幼树防寒纸
	育苗播种	
4 月	疏花疏果	疏花以花前复剪为主，剪除无叶花枝，短截冬季长留的长、中果枝和细弱枝；大蕾时开始疏，先从坐果率高的品种开始，短、中、长果枝分别留 2 个、3 个、4 个花蕾，徒长性果枝留 5 ～ 6 个花蕾。疏果在落花后幼果能分出大小时进行第一次疏果 疏果指标：长果枝：大果型 1 ～ 2，中果型 2 ～ 3，小果型 4 ～ 5；中果枝：大果型 1，中果型 1 ～ 2，小果型 2 ～ 3；短果枝：大果型 1（2 ～ 3 枝），中果型 1（1 枝），小果型 1 ～ 2（1 枝）；花束状果枝不留果；副梢果枝可留 1 ～ 3 个果）
	修剪	抹除新栽幼树整形带以下的萌芽，整形带内留 6 ～ 9 个新梢，一个节上有双芽或三芽，只留一个新梢；抹除大树枝头上、内膛主、侧枝背上的双芽、三芽留单芽
	中耕	雨后或灌水后土壤不黏时进行，深度 5 ～ 10 cm
	根部追肥	花后一周施入，以速氮为主，大树施尿素 0.5 ～ 1.5 kg，或用硫铵 1.5 ～ 2.5 kg，追肥后及时灌水湿透 50 cm 土层
	播种绿肥与翻压绿肥	
	病虫害防治	萌芽前喷 5° Bé 石硫合剂，萌芽后喷 3° Bé 石硫合剂；扒开根部土壤，晾根并检查有无根腐病并刮治；挖除红颈天牛幼虫；花前喷药防治蚜虫和卷叶虫
	苗木及砧木苗的管理	及时灌水松土，苗木生长过程中追化肥，每公顷施用硫铵 150 ～ 225 kg

（续表）

时间	作业项目	主要工作内容
5 月	定果	在硬核期前完成；长果枝留果 1～2 个，中果枝留 1 个果，短果枝和花束状果枝少留果。南方品种群上、中、下部叶果比为 22、30 和 37；北方品种群平均叶果比为 50
	夏季修剪	幼树：进行两次月底前完成，第一次修剪：选定主侧枝，对方位、角度不适宜的要用支或拉进行调整，其多余副芽枝进行抹除或控制。第二次修剪：选留主枝、侧枝、控制竞争枝；外侧枝选在主枝背斜侧，角度为 70°～80°；竞争枝长达 25 cm 时，剪留 15～20 cm，过密则疏除。成龄树：5 月下旬开始第一次夏剪，调节主、侧枝生长势，控制旺长，扩大枝叶面积，疏除过密和防止树势不平衡；内膛旺梢有空间时，留 1～2 个副梢，其余剪除，培养为枝组
	硬核期追肥与灌水	以钾、氮为主，大树施尿素 0.75～1 kg/ 株或骨粉 1.5～2.0 kg/ 株；硬核期是需水敏感期，定果后及时灌水
	浅耕除草	化学除草药剂，作杂草叶面喷布
	病虫害防治	5 月上旬落花后喷药防治蚜虫、茶翅蝽、褐腐病等病虫害
	砧木苗管理	
6 月	夏季修剪	幼树第三次夏剪：控制竞争枝和其他旺枝，培养主、侧枝；主、侧枝梢长达 1 m 左右时，将主梢摘心，利用副梢扩大角度。对竞争枝和旺枝继续控制，修剪时，留 1～2 个副梢将其余副梢剪除。成龄树第二次夏剪：控制旺枝生长，控制副梢；旺枝生长有空间，留 1～2 个副梢其余剪除；枝组和果枝剪口芽萌发的旺枝与果实争养分，在叶面积够用时，留下 1～2 个副梢，剪去上部或对旺枝进行扭梢。对负荷重的大枝和枝组进行吊枝
	采收	早熟品种开始采收
	土肥水管理	（同 5 月）采前 15 天成龄树追施氮磷钾复合肥 1.2 kg/ 株
	病虫害防治	6 月上旬防治红蜘蛛、梨小食心虫、球坚蚧等可喷螨克 2 000 倍加 1 500 倍的 1605

时间	作业项目	主要工作内容
7月	采收	7月下旬中熟品种分批采收
	夏季修剪	幼树第四次夏季修剪：平衡树势，充实枝条，通风透光，有利于花芽分化；对于粗度1 cm以上的旺枝，经过两次修剪仍控制不住的，从基部疏除；粗度在0.6～0.8 cm的仍按上次修剪法，转弱结果，对长旺枝进行拉枝和扭梢。成龄树第三次夏剪：（目的同幼树）内膛过多、过长、未停止生长的长果枝剪去1/4～1/3；新长出的二三次副梢，生长幼嫩疏除
	土肥水管理	只除草不松土；中晚熟品种采前15天进行根部和根外肥；做好雨季排水工作
	生长期病虫害防治	7月上旬防红蜘蛛、梨小食心虫，中晚熟品种可喷来福灵2 000倍加敌杀死3 000倍液。7月下旬晚熟品种再喷1次菊马乳油2 000倍液
	砧木苗管理	剪除砧木苗干上近地面30 cm以内的副梢；及时追肥
8月	采收	8月下旬晚熟品种开始分批采收
	夏季修剪	幼树第五次夏剪：（8月上中旬）减少营养消耗，改善通风透光条件，有利于充实枝条与花芽；内膛60 cm以上的旺枝剪去1/4～1/3，疏除过密枝，利用拿枝开张角度。成龄树第四次夏剪：方法同幼树第五次夏剪
	采收后追肥	以追施氮肥为主
	病虫害防治	8月中旬在树干束草诱集梨小越冬幼虫，8月中下旬两次用灭幼脲3号1 500倍防治桃潜叶蛾
	苗木嫁接	
9月	采收	
	剪嫩梢	将枝条的嫩梢部分剪除，增加营养积累，充实枝条，提高树体抗寒能力
	深翻与培土	

（续表）

时间	作业项目	主要工作内容
9月	施基肥	
	灌水	
	病虫害的防治	9月雌叶螨越冬前主枝上绑草把诱集；刮治腐烂病，刮后涂腐必清
	果实贮藏	
10月	采收	
	深翻改土、培土	
	施基肥	
	灌冻水	
	清园	
	防治病虫害	
	枝干涂白、缠纸	涂白剂是由生石灰1 kg、水3～5 kg、食盐2汤匙配成，刷涂树干上
	苗木出圃与调运	
11月	土肥水管理	
	防寒	
	总结全年工作与技术培训	
12月	开始冬季修剪	
	清园与树体保护	
	砧木种子沙藏	
	做好农业生产资料等各项准备工作	

葡 萄

一、主要品种

（一）鲜食葡萄品种

北京地区栽植面积较多的葡萄主要有以下几种。

1. 早玛瑙

欧亚种，北京市林果所育成。果穗中等大，平均重 338 g，圆锥形，中等紧密。果粒大，平均重 4.2 g，长椭圆形，紫红色，果粉中等；果皮薄；肉脆，味甜，含可溶性固形物 126.3%，每果粒有种子 2 ～ 4 粒。果枝率 8% 左右，每果枝平均 1.5 ～ 1.7 穗。在北京市果实于 8 月上旬成熟，从萌芽至果实充分成熟约需 113 天，为早熟品种。树势中庸。早玛瑙果粒大，肉脆味甜，品质上，外观美丽，产量较高，是优良的早熟鲜食品种。

2. 凤凰 51 号

欧亚种，大连农科所育成，果穗中等或大，平均重 350 ～ 420 g，圆锥形，极紧密。果粒大，平均重 6.6 ～ 8.7 g，红色，近圆于扁圆形，果面有 3 ～ 4 条沟纹；果皮中厚；肉稍脆，汁多，含糖量 13% ～ 18%，含酸量 0.6% 左右，味甜酸。每果枝平均 1.5 ～ 2 穗。果粒大，成熟早，品质良好，是优良的早熟鲜食品种。

3. 乍娜

欧亚种，果穗大，平均重 360 ～ 850 g，最大穗可达 1 100 g，圆锥形，常带副穗，中等紧密或桦散。果粒大至极大，平均重 4.5 ～ 10.2 g，最大粒重 17 g，圆形或椭圆形，粉红色，果粉薄；果皮中等厚；肉脆，味淡，稍有清香味，可溶性固形物 13% ～ 18%，含酸量 0.65% 左右，味酸甜，品质中上。每果实有种子 1 ～ 4 粒，以 2 粒较多，果枝率 50% ～ 80%。每果枝平均 1.2～18 穗大，粒大，外观美丽，成熟早，产量较高，但易裂果，不抗白粉病和黑痘病。负载量过大时，易落果，果穗松散，越冬性弱。

4. 京玉

欧亚种，中国科学院北京植物园育成。果穗大至极大，平均重 600 g，圆锥形，中等紧密。果粒大，平均重 6.5 g，椭圆形或长圆形，黄绿色；果皮薄；肉脆，含可溶性固形物 14%，含酸量 0.53%，味酸甜，品质佳。树势中庸，较丰产。在北京地区果实于 8 月上旬成熟，为早熟品种。抗病力较强。

5. 玫瑰香

欧亚种，原产英国。果穗中等大或较大，平均重 150～350 g，圆锥形或分枝形，中等紧密或松散。果粒大，平均重 5 g 左右，紫红色，果粉厚，果皮中等厚；肉多汁中，汁无色，玫瑰香味浓；含可溶性固因形物 15%～19%，含量酸 0.6%～0.7%，味甜酸。每果枝平均 1.5 穗左右，果实在山东济南于 8 月底，在陕西关中于 8 月 20 日左右成熟。由萌芽至果实充分成熟需要 140～150 天，为中晚熟品种，树势中庸。果粒大，品质极优，在良好管理条件下很丰产，因而是全世界著名的优良鲜食葡萄品种。

6. 龙眼

欧亚种，为原产我国的古老品种。果穗大，平均重 600～800 g，最大穗重 1 500 g 圆锥或双肩圆锥形，中等紧密。果粒大，平均重 5～6 g，近圆形或椭圆形，紫红色，果粉厚；果皮中等厚；果肉多汁，汁无色，可溶性固形物 15%～20%，含酸量 0.6%～1.0%，味酸甜。每果枝平均 1.2～1.3 穗。由萌芽至果实充分成熟需 150～160 天以上，为晚熟鲜食及酿酒品种。树势极强。龙眼果穗、果粒大，耐贮运，鲜食品质中上，棚架整形极丰产，抗寒、抗旱、耐盐碱能力较强，但易感黑痘病。

7. 巨峰

欧美杂种，原产日本。果穗大，平均重 300～430 g，圆锥形，松散或中等紧密。果粒极大平均重 9～12 g，椭圆形，紫红色，果粉中等厚；果皮厚；肉软多汁的黄绿色，不肉囊，稍肯美洲种味，皮、种子均易分离；含可溶性固形物 14% ～ 16%，含酸量 0.6% ～ 0.7%，味甜酸。每果枝平均 1.3 ～ 1.8 穗。副梢结实力强，由萌芽到果实充分成熟约需 130 ～ 140 天，为中熟品种。树势强。巨峰果粒特大，外观美丽，品质中上，丰产，适应性强，甚受栽培者与消费者欢迎，是当前我国栽培地区最广、面积最大的鲜食葡萄品种。如管理不当，落花果严重；结果过多，易使树势早衰，影响以后产量。

8. 藤稔

欧美杂交种，原产日本。果穗中等或大，平均重 340 ～ 600 g，圆锥形，中紧或紧密。果粒极大，在浙江省平均重 18 g，最大粒重 32 g，近圆形，紫黑色；果皮厚；肉厚，含糖量 16% ～ 18%，味甜，有草莓香味。品质中上等。为中早熟品种。该品种果粒最大，裂果轻，抗病力强，有很大发展前景。

9. 高墨

欧美杂交种，原产日本。叶与巨峰相似。果穗大，平均重 300 ～ 400 g，圆锥形，中紧或紧密。果粒极大，平均重 9 ～ 13 g，椭圆形，紫红色；果皮厚；果肉厚，多汁，易与种子分离，味酸甜，有草莓香味；成熟期比巨峰早经 10 天，为早熟品种。

高墨落花落果较轻，果穗整齐美观，抗逆性强，生产性能表现良好。

10. 红瑞宝

欧美杂种。果穗中或大，平均重 200 ～ 500 g，分枝或圆锥形，中等紧密。果粒极大，平均重 8 ～ 10 g，椭圆形，浅红色；果皮中厚，肉软多汁；含可溶性固形物 15% ～ 21%，含酸量 0.5%，味甜，草莓香中等。每果枝平均 1.4 ～ 1.7 穗。为中晚熟品种，树势强。

11. 龙宝

欧美杂交种，原产日本。果穗大，平均重 470 ～ 510 g，椭圆形，红钯；果皮中厚；肉软多汁，含可溶性固形物 14.7% ～ 16.5%，含酸量 0.68%，味甜，草莓香味浓，品质好，果实成熟期均与巨峰相似，为中熟品种。龙宝丰产、稳产、品质好，与其姐妹系品种红瑞宝、红富士比较，抗炭疽病能力强，裂果轻。

12. 黑奥林

欧美杂种，原产日本。果穗中等或大，平均重 510 g，圆锥形，中等紧密，成熟度较一致。果粒极大，平均重 9～13 g，近圆形或椭圆形，紫黑色，果粉中等厚；果皮厚；果肉较脆，多汁，微具草莓香味，含可溶性固形物 13%～16%，含酸量 0.5% 左右，味甜；每果枝 1～2 穗，副梢结实力强。中晚熟品种。树势强。果粒极大，品质中上。落花落果较少，产量高，抗病力较强。

13. 吉香

欧美杂交种。枝蔓粗壮，果穗圆锥形，紧密，平均穗重 918 g，最大 1 900 g。果粒短椭圆或近圆形，平均粒重 9.2 g，最大 12.9 g。果眼黄绿色，较薄，果粉厚。果肉易与种子分离。每粒果平均有种子 1.4 粒。果肉汁多，味甜，含糖 15%～18%，有香蕉味。品质中上等。抗寒、抗湿力较强，易管理。对霜霉病、炭疽病抗性较强。但易得日灼病，采收无裂果、落粒现象。

14. 超康美

属欧美杂交种。树势强，嫩枝绿色。果穗圆锥形，果粒着生紧密，平均穗重 366.5 g，最大重 595 g。果粒圆形，整齐，平均粒重 10 g，最大 13.5 g，比大粒康拜尔平均粒重多 2.2 g。果皮厚，蓝黑色，果粉多。果肉稍硬，多汁味甜。含可溶性固形物 14%，含酸 0.6%。有浓郁美洲种香味。果实成熟一致，无落粒、裂果现象。品质中等，是制汁鲜食兼用品种之一。

15. 国宝

属欧美杂交种，由日本引进。果穗大，圆锥形，果粒紫色，椭圆形，着色好，肉质柔软，含糖 17%。无裂果和脱粒现象。树势中等健壮，花芽易形成，结果性能良好，落花少，易丰产。抗病性强，其成熟期比巨峰早两周。生长期要加强对黑痘病的防治。

16. 紫珍香

欧美杂交种。果穗短，圆锥形，中大，平均粒重 9 g；果皮深紫黑色，果粉多；果肉较软、多汁，具玫瑰香味、品质上等。固形物含量为 14%，种子与果肉易分离，无肉囊。外观美丽诱人。树势强，抗病抗寒，适应性强。比巨峰早熟 20 天。

17. 红伊豆和三泽红伊豆

红伊豆为欧美杂交种。系红富士芽变，穗平均重 650 g，大穗 800 g。果粒椭圆形，粒重平均 13 g，大粒 17 g。果皮成紫红色，美观。果实风味佳，高糖度和香味均受到消费者的好评。果肉稍紧，无裂果。树势生长旺盛，抗病性强，容易栽培，结果枝率高，丰产性能良好，但负载量过高时上色受到影响。

三泽系红伊豆是红伊豆的变异，果粒椭圆形，重 16 g 左右，果穗重 600～800 g，外形鲜红色，风味浓郁。树势强健，生长旺盛，抗病性强，不落花，容易栽培，丰产稳产。果肉软，须轻产。由于该品种风味浓郁，丰产性好，可在城效区试种。

18. 大宝

原产日本，为欧美杂种。果穗平均重 538 g，圆锥或圆柱形，中紧。果粒平均重 8.3 g，椭圆形，紫红色，有肉囊，品质较佳。含糖量 15%，含酸量 0.88%。汁多味甜，具草莓香味。树势强，丰产。抗病性强，不裂果。极晚熟。

19. 奥山红宝石

欧亚杂交种。树势中等，枝梢生长较粗壮。果穗大，多为长圆锥形，果粒着长整齐，紧密度中等，平均穗重 600～630 g；果粒为椭圆形或短椭圆形，果粒平均重 11～12 g；果皮为紫红色，果粉少，外观美丽，果皮薄韧性强；果肉为乳白色，皮与肉不易分离。果枝与果肉着生牢固，耐拉力强，不易脱粒，极耐贮运。

20. 楼都蓓蕾

欧美杂交种，原产日本。树势中强，产量中等，抗病力强。果穗较大，圆锥形，果粒椭圆形，平均重 10 g，鲜红色，外观极美，肉厚而脆，味甜，有草莓香味，含糖 19% 左右，品质上等。不裂果，不落耐贮运。中熟，适于华北、西北、东北地区栽培，我国南方亦可试栽。

21. 日向

巨峰系品种，属欧美杂交种，原产日本。树势强健，丰产，较抗病。果穗圆锥形，果粒比巨峰略小，短圆形，果粒紫黑色，汁多，味甜，稍有狐臭味，含糖通常在 16% 以上。早熟，熟期比巨峰早 10 天，适于华北、西北、东北地区栽培，我国南方亦可试栽。

22. 京秀

欧亚种。果穗圆锥形重 400 ～ 500 g，大的 1 000 g 以上，果粒着生紧密，椭圆形，平均粒重 5 ～ 6 g，大的 7 g，玫瑰红色或鲜红色。肉脆，味甜，酸低，含糖 15% ～ 17.5%，含酸 0.46%，品质上等。种子小，一般 2 ～ 3 粒。生长势中强，结果枝率中等。抗病能力中等或较强。较丰产，不裂果，无日灼，落花轻，坐果好。果粒着生牢固，极耐运输。易栽培管理，篱架棚架均可栽培。比巨峰早熟 20 ～ 25 天，是新优早熟生食品种之一。

23. 晚红

欧亚种。是近年来我国北方栽培的特优品种，极有推广价值。果穗大，穗长 26 cm、宽 17 cm，重 800 g，最大可达 2 500 g，长圆锥形。果粒圆形或卵圆形，平均粒重 12 ～ 14 g，最大可达 22 g，果粒着生松紧适度。果皮中厚，暗紫红色，果肉硬脆，味甜，清香。含糖量 17%，品质极佳。果穗不易脱落，果粒着生牢固，特别耐贮藏和运输，在我国东北地区可窖藏至翌年 4 月，为高产做质、耐贮运的晚熟鲜食品种。

24. 皇帝

本品种引起人们诉是它的晚熟和诱人的外观，以及极耐贮运。大量果实被用于冷藏。

本品种穗大，长圆锥形，紧；果粒整齐粒大，长倒卵形或长椭圆形；果实红色或浅红紫色；果肉硬度适中，香味浓，皮厚；穗梗韧，果实固着非常牢。晚熟品种，生长势强，丰产。但本种抗病性和抗寒性不强，适合在干旱、半干旱区及排水良好的半潮湿区发展。

（二）酿酒葡萄品种

在北京地区栽植较多的有以下品种。

1. 雷司令

欧亚种。含糖量高，产量中等，在欧洲葡萄品种中抗寒性较强，但果皮薄，易感病。酿制的白葡萄酒浅黄绿色，澄清发亮，果香浓馥，醇和爽口，回味绵延，是酿制干白葡萄的优良品种。

2. 意斯林

欧亚种。果穗小或中等大，圆柱形，果粒中等大，为晚熟品种。意斯林适应性强，较抗寒，抗病力中等，产量中等至较高。酿造的白葡萄酒禾秆黄色，清香爽口，丰满完整，回味绵延，酒质优。又是酿制起泡葡萄酒和白兰地的质原料。

3. 霞多丽

欧亚种，原产法国。果穗小，果粒中小，为早熟品种。产量中等，在果实成熟过程中糖度增加较快，酸度降低较慢；果实抗黑痘病的白腐病能力中等。在沙城酿制的白葡萄酒黄绿色，澄清透亮，香气完整，味醇和协调，回味幽雅，酒质极佳。

4. 白玉霓

欧亚种。原产法国。目前，丰产，抗寒、抗病性较强，除酿造较好的白葡萄酒外，更是加工白兰地的优质原料。

5. 米勒

欧亚种。果穗小，圆锥形，果粒小，椭圆形，黄白色；多汁，由萌芽到果实充分成熟需要 125 ～ 130 天，为早熟品种。抗寒性中等，果实成熟早，但易感染霜霉病和白腐病。所酿的葡萄酒黄色微带绿，澄清发亮，香气完整，味醇和柔细，为优质葡萄酒品种。

6. 赛美蓉

欧亚种，原产法国。果穗中等大，圆锥形，紧密。果粒大，圆形，黄绿色；肉软多汁，由萌芽至果实充分成熟需要 130 ～ 140 天，为中晚熟品种。树势中庸。该品种产量中等或较高，抗病性中等，酿制的葡萄酒黄绿色，澄清透明，果香及酒香深郁，味纯和协调、爽口，是生产干白葡萄酒和甜葡萄酒的优质品种。

7. 白羽

欧亚种。果穗中等大，圆柱或长圆形，有的呈分枝形，中等紧密。果粒中等大，椭圆形，黄绿色；果皮薄，出汁率75% ～ 80%，由萌芽至果实充分成熟需要140 ～ 150 天，为晚熟品种，树势中庸。白羽品种喜肥水，产量中等或较高；对盐碱、黑痘病抗性强，但易感霜霉病和白粉病。用白羽酿造的葡萄酒浅黄色，澄清发亮，清香悦人，味正爽口，回味良好。

8. 赤霞珠

欧亚种，原产法国。果穗中等大，圆形，紫黑色，果粉厚；果皮中厚；肉软多汁，由萌芽至果实充分成熟需要140 ～ 150 天，为中晚熟品种。树势中庸。赤霞珠产量较低或中等，抗霜霉病、白腐病和炭疽病的能力较强。酿制的葡萄酒呈红宝石色，具独特风味，清香幽郁，醇和协调，酒质极佳，是优良酿酒品种。

9. 黑比诺

欧亚种。果穗小，圆锥形，有的具副穗，紧密或极紧密。果粒中等大，近圆形，紫黑色，果粉中厚；果皮薄，出汁率70% ～ 75%，味酸甜，由萌芽至果实充分成熟需要130 ～ 135 天，为早熟品种。树势中庸。该品种较抗炭疽病，但易感霜霉病，产量中等。酿制的干红和桃红葡萄酒，果味深，口味清爽柔和，回味优雅，是酿制香槟酒和起泡葡萄酒的优良品种。

10. 佳利酿

欧亚种。果粒中等大，椭圆形，紫黑色，极紧密，果粉中等；果皮中等厚；果肉多汁，出汁率81% ～ 88%，由萌芽至果实充分成熟需要150 ～ 155 天，为晚熟品种。树势强。适应性强，易栽培，极丰产。酿造的葡萄酒宝石红色，味纯正，回味良好，香气亦佳；去果皮发酵亦可酿造中档的白葡萄酒。但该品种易感黑痘病和蔓割病，果实成熟不一致，青粒较多，越冬性较差。

11. 北醇

欧亚杂种。果穗中等大，圆锥形，有时带副穗，中紧或松散。果粒中等大，近圆形，紫黑色；果皮中等厚，肉软，出汁率77%，汁浅红色，味酸甜。由萌芽至果实充分成熟需要140～105天，为中晚熟品种。树势强。抗寒、抗病力强，对土壤要求不严，产量高，易栽培，酿制的葡萄酒石红色，澄清回味良好，质量中等。

（三）无核与制汁品种

在北京地区栽植较多的主要有以下品种。

1. 京早晶

欧亚种。果穗大，平均重245～330 g，圆锥形，少数有副穗，中等密。果粒中等大（19.7 mm×16 mm），平均重2.1～2.6 g，卵圆形，黄绿色，充分成粒时琥珀色，略带红晕；果皮薄，肉脆，无种籽，汁少。可溶性固形的20%～22%，含酸量0.53%，味浓甜。果枝1～2穗。果实于8月下旬至9月上旬成熟。由萌芽至果实充分成熟需要110天左右，为极早熟品种。是品质极优的鲜食、制干品种，在活动积温3 200℃以上的干旱地区，可生产出优质葡萄干。

2. 无核紫

欧亚种。果穗大，平均重400～470 g，圆锥形，中等紧密。果粒中等，平均2.5～2.8 g，椭圆形，紫黑色；皮薄，肉脆，汁中多，含可溶性固形物20%～22%，含酸量0.5%，味酸甜，无种籽。在新疆吐鲁番地区，果实于7月下旬至8月成熟，为早熟品种，树势强。肉脆、味甜、无籽、质优，在新疆表现丰产，适应性强，不易落果，为优良的早熟鲜食品种。在夏秋多雨地区，产量低，不抗病。

3. 大无核白

欧亚种，果穗大至极大，平均重290～600 g，圆锥形或双肩圆形，中等紧密或紧密。果粒中大，平均重2.5～2.9 g，椭圆形，黄绿色。果皮薄，肉脆，味甜，含可溶性固形物25%左右，无种籽。树势强。果枝率10%～36%，每果枝平均1.1穗。果实成熟期比无核白早5～7

天。阴房晾制的葡萄干，粒大，饱满，黄绿色，味甜，品质极佳，但产量低。

4. 京可晶

欧亚种。果穗大，平均重385 g，圆锥形，有副穗，紧密。果粒中大，平均重2.2 g，卵圆或椭圆形，紫色；皮较薄，肉较脆，汁中多，无核。含糖量18%，含酸量0.65%，味甜。在北京果实于7月下旬成熟。为丰产、极早熟的优质鲜食兼制干品种。

5. 赫什无核

欧亚种，原产苏联，适合我国华北、西北和东北南部栽培。树势中等，果穗平均重600 g，果粒平均重4 g，皮薄，黄绿色，肉脆，无核，酸甜爽口，无香味，含糖18.4%，品质上等。制干质量较好，黄色，干粒整齐，出干率20.6%。制罐不易裂果，汁液澄清，粒大，浅黄色，外观美，品质风味优良，是鲜食、制干、制罐多用的大粒无核优良品种。

6. 红脸无核

欧亚种。果穗圆锥形，平均穗重480 g，果粒卵圆形，平均粒重3.9 g，果皮鲜红色，果肉细，稍软味甜，爽口，含糖16%，品质上等。果粒着生牢固，很少裂果，耐运输和贮藏。适合华北、西北和东北南部地区栽培，是无核中较大的粒晚熟品种，又是鲜食、制干和制罐的优良品种。

7. 红宝石无核

欧亚种，果穗圆锥形，果粒着适度，平均穗重450 g。果粒椭圆形，平均重3.7 g。果皮黑紫色。果肉硬而脆，味甜。含糖18%，酸甜适度，品质上等，是鲜食、制干及制罐的优良品种之一。

8. 金星无核

引自美国，果穗重254 g，圆柱形，较紧，果粒平昀均重4.1 g，近圆形，蓝黑色，有白色果粉。果肉柔软，无核，浆果内残留有空瘪的小种子，含糖量14%，酸甜适度，品质中上。抗病性、抗寒性较强，早熟，丰产。

9. 日光无核

原产日本，无核，长椭圆形，红紫色，果皮厚，含糖量17% ～ 18%，含酸少，无涩味，有香味。成熟晚，耐贮藏。

（四）砧木品种

1. 久洛

原产美国，叶小，光滑，扁圆形；枝条黄褐色，节间短。植株生长旺盛。抗根癌蚜砧木，也抗寒冷、干旱、霜霉病和白粉病。

2. 3309

原产法国，叶小，近圆形，光滑，植株生长中庸或较强。对葡萄根瘤蚜有极强的抗性，抗旱、抗根瘤病能力也较强。

3. 5BB

原产法国，叶大或极大，近圆形，上表面光滑，背面有稀疏刺毛，雌能花。果穗小；浆果小，圆形，黑色。植株生长旺盛，营养期较短，扦生根力弱，繁殖系数高。与欧亚种葡萄嫁接亲合力良好，抗根瘤蚜力极强，对线虫也有较强抗性。对土壤要求不严格。

4. SO4

原产德国，叶大近圆形，光滑，老熟枝条光滑，褐色，节间长。植株生长旺盛，扦插生根容易；与所有欧洲葡萄品种嫁接亲合力强；抗叶型根瘤蚜，抗虫和根瘤病能力强；对土壤适应广。

5. 420A

原产法国，叶中等大，近圆形，上表面有网纹状凸起，下表面有稀刺挬；枝条光滑，红褐色，节间长。雄花。植株生长旺盛，抗根瘤蚜和抗旱力强，对线虫有一定抗性，但扦插生根不好，繁殖困难。

6. 110R

原产法国。叶中等大，扁圆形，枝条光滑，深褐色，节间长。植株生长旺盛，抗旱和根瘤蚜，但不抗线虫。扦插生根力弱。

7. 101-14

原产法国，叶大，近圆形，光滑，果穗小。果粒小，近圆形，紫黑色。植株生长较旺，抗根瘤蚜，适宜于湿润肥沃土壤，扦插生根容易，与欧洲葡萄品种嫁接亲合良好。

8.和谐

原产美国。叶中等大或中小，近圆或扁圆形，果穗小，紧密；果粒小，黑色。成熟枝条红褐色。植株生长中庸，扦插生根容易，嫁接亲合性良好，抗根瘤蚜和线虫能力较强，根系抗寒力中等。适宜作鲜食品种，特别是制干无核品种的砧木。

9.335EM

原产法国，叶小，近圆形，枝条暗褐色，节间中等长。对根瘤蚜有一定抗性。

二、生态习性

（一）温度

当日平均气温达到10℃左右时，欧亚种群的葡萄开始萌芽。随着气温的逐渐提高，新梢迅速生长。当气温达28～32℃时，最适于新梢的生长和花芽的形成，这时新梢每昼夜生长可达6～10 cm。气温低于14℃时，不利于开花授粉。浆果成熟期间，当气温在28～32℃、土壤水分适当减少的情况下，有利于提高浆果的品质。气温高于38℃以上对葡萄发育不利。低温对葡萄的生长发育是不利的。刚萌动的芽可忍受−4～−3℃的低温，但嫩梢和幼叶在−1℃时即受冻害，而花序在0℃时就受冻害。在冬季休眠期间，欧亚种群品种的充实芽眼可忍受短时间−20～−18℃的低温，充分成熟的新梢可忍受短时间的−22℃的低温，多年生蔓在−20℃左右即受冻害。根系更不耐低温，欧亚种群、欧美杂交种的一些品种的根系在−6℃左右时受冻害，在−10℃时即可冻死。因此，在北方栽培葡萄时，要特别注意对葡萄根系的越冬保护工作。

（二）光照

葡萄是喜光植物，对光照非常敏感。光照不足时，节间变得纤细而长，花序梗细弱，花蕾黄小，花器分化不良，落花落果严重，冬芽分化不好，不能形成花芽。同时叶片薄，黄化，甚至早期脱落，枝梢不能充分成熟，养分积累少，植株容易遭受冻寒或形成许多"瞎眼"，甚至全树死亡。所以，建园时应选用光照良好的地方，并注意改善架面的通风透光条件，正确决定株行距、架向，采用正确的整枝修剪技术等。

（三）水分

葡萄根系发达，吸水力强，具有极强的抗旱性。春季，在萌芽、新梢生长期有充足的水分供应对花的形成和新梢生长有利。在开花期，阴雨或潮湿的天气则影响受精，引起落花落果。成熟时雨水过多，会加重病害，引起裂果，降低品质。在秋季多雨或水分过多，则新梢成熟不良，不利于越冬。

（四）土壤

葡萄对土壤的适应能力较强，除了极黏重的土壤、强盐碱土壤外，能在多种土壤上栽培，适应的 pH 值范围为 5 ～ 8。但以土质疏松、通气良好的砾质壤土和沙质壤土最好。欧洲葡萄喜富钙土壤，而美洲葡萄在含钙多的土壤上，易得失绿症，应选砾质壤土及排水好的沙质土。

三、栽培技术

（一）架式选择

1. 篱架

（1）单篱架

一般采用南北行向，行距 2.5 ～ 3 m，每行连成的架面与地面垂直，架高以行距而定，一般为 1.8 ～ 2 m，行内每隔 6 ～ 8 m 设一立杆，每行第一根立杆用倾斜的支柱或斜拉的铁丝固定。架面的第一道铁丝距地面60 cm，以上每隔 40 ～ 45 cm 拉一道。

（2）双篱架

分"V"形和"T"形两种架式。"V"形架行距 3 m，架高 1.5 ～ 2 m，篱架基部两壁间距 40 ～ 60 cm，顶部间距 120 cm，其他结构行向与单篱架相同。"T"形架即在单立柱上由顶端向下每隔 40～45 cm 架设横梁，共设 3～4 道。最上横梁的长度为 120 cm，以下按 20 cm 依次递减。在各横梁的两端拉设铁丝，形成倾斜的双篱壁形架面。

2. 棚架

（1）大棚架

架长 8～10 m 以上。架的后部（靠近植株基部）高约 1 m，前部高2～2.5 m，葡萄在梯田上呈带状定植或零散栽植。

（2）小棚架

可采用南北行向向东爬或东西行向向南爬，行距为 4～6 m，每行葡萄设两排立柱，全园立柱高度相同，均为 1.9～2.2 m，按行向每隔5 m 设一立柱，每行两边要下地锚用于固定边行立柱。行与行之间的立柱用 8 号或 10 号铅丝连接，以增加架面的承重能力。沿行向在立柱上每隔 50 cm 拉一道 10～12 号铅丝，将整个小区棚连结成一个水平面。

（3）棚篱架

基本结构与小棚架相同。架长为 4～5 m，只是将架面后部（靠近植株根部）提高至 1.5～1.6 m，架面高为 2～2.2 m，植株不仅利用棚面，而且也利用篱面结果。

（二）土肥水管理

1. 土壤管理

（1）清耕法

每年在葡萄行间和株间多次中耕除草，能及时消灭杂草，增加土壤通气性。但长期清耕，会破坏土壤的物理性质，必须注意进行土壤改良。

（2）覆盖法

对葡萄根圈土壤表面进行覆盖（铺地膜或敷草），可防止土壤水分蒸发，减小土壤温度变化，有利于微生物活动，可免中耕除草，土壤不板结。

（3）生草法

葡萄园行间种草（人工或自然），生长季人工割草，地面保持有一定厚度的草皮，可增加土壤有机质，促其形成团粒结构，防止土壤侵蚀。对肥力过高的土壤，可采取生草消耗过剩的养分。夏季生草可防止土温过高，保持较稳定的地温。但长期生草，易受晚霜危害，高温、干燥期易受旱害。

（4）免耕法

不进行中耕除草，采取除草剂除草。适用于土层厚、土质肥沃的葡萄园。常用生长季除草剂有草甘膦等。也可以在春季杂草发芽前喷芽前除草剂，再覆盖地膜，可以保持一个较长时期地面不长杂草。

（5）深翻

以在秋季落叶期前后深翻为宜。秋季深翻，断根对植株的影响比较小，且易恢复，可以结合施基肥进行，对消灭越冬害虫和有害微生物，以及肥料的分解都有利。也可以在夏天雨季深翻晒土，可以减少一些土壤水分，有利于枝蔓成熟。

深翻方法因架势等有所不同。篱架栽培时，在距植株基部 50 cm 以外挖宽约 30 cm 的沟，深约 50 cm，幼龄园或土层浅或地下水位高的果园可相对浅些。可以采取隔行深翻，逐年挖沟，以后每年外移达到全园放通。

（6）中耕

中耕可以改善土壤表层的通气状况，促进土壤微生物的活动，同时可以防止杂草滋生，减少病虫危害。葡萄园在生长季节要进行多次中耕。一般中耕深度在 10 cm 左右。在北方早春地温低，土壤湿度小的地区，出土后立即灌溉，然后中耕，深度可稍深，10 ～ 15 cm，雨水多时宜浅耕。

2. 施肥

每增产 50 kg 浆果，需施氮 0.25 ～ 0.75 kg、磷 0.2 ～ 0.75 kg、钾 0.13 ～ 0.63 kg。

（1）基肥

宜在果实采收后至新梢充分成熟的 9 月底 10 月初进行。基肥以迟效肥料如腐熟的人粪尿或厩肥、禽粪、绿肥与磷肥（过磷酸钙）混合施用。

施肥方法可在距植株约 1 m 处挖环状沟施入，深度约 40 cm。

（2）追肥

追肥宜浅些，以免伤根过多。一般在花前十余天追施速效性氮肥如腐熟的人粪尿、饼肥等；幼果期和浆果成熟期喷 1% ～ 3% 的过磷酸钙溶液，可以增加产量和提高品质；花前喷 0.05% ～ 0.1% 的硼酸溶液，能提高坐果率；坐果期与果实生长期喷 0.02% 的钾盐溶液，或 3% 草木灰浸出液（喷施前一天浸泡），能提高浆果含糖量和产量。

3. 水分管理

树液流动至开花前，要注意保持土壤湿润。开花期除非土壤过于干燥，否则不宜浇水。坐果后至果实着色前，需要大量水分，可根据天气每隔 7 ～ 10 天浇 1 次水。果粒着色，开始变软后，减少浇水。休眠期间，土壤过干不利越冬，过湿易造成芽眼霉烂，一般在采收后结合秋季施肥灌一次透水。

（三）整形修剪

1. 整形

（1）多主蔓扇形

实行篱架栽培的地方，多采用无主干的多主蔓扇形。所有枝蔓在架面上呈扇形分布。即植株在地面上不具明显的主干，每株有 3 ～ 5 个或 7 ～ 8 个主蔓，因单篱架或双篱架而异。每一主蔓上可着生 2 ～ 4 个或更多的结果枝组。

无主干多主蔓自然扇形：植株在定植当年剪留 2 ～ 4 芽，长出的新梢成为未来的主蔓；当主蔓数目尚未达到预定要求时，再对 1 个或部分一年生枝留 2 ～ 3 芽短剪，以形成较多的主蔓。每一主蔓大都在第一道铅丝高度附近短截，以分生侧蔓，顶端一枝继续向上延伸，至第二道铅丝附近再行短截，形成分枝。这样，在一个主蔓上可形成 1 ～ 3 个侧蔓，每一侧蔓上可有 2 ～ 3 个结果母枝。结果母枝根据品种强弱不同剪留 4 ～ 10 个或更多的芽，在主蔓和侧蔓的中部和下部剪留 2 ～ 3 个预备枝；当主、侧蔓延长过度时，可逐步回缩或更新。这种树形目前应用较普遍，修剪灵活，易于调节负载量，是一种丰产树形。

无主干多主蔓规则扇形：与自然扇形不同之处在于，规则扇形要求配置较严格的结果枝组。选留优良的结果母枝，剪留长度为 8 ～ 10 节，因枝条强弱和植株负载量大小而异。在结果母枝的下方，选强健的一年生枝剪留 2 ～ 3 芽作为替换短枝。结果母枝的枝条结果后，冬剪时原则上都要剪去，而由替换短枝上长出的枝条形成新的长短梢枝组，在篱架栽培下，每株可留 3 ～ 8 个主蔓，以留 4 ～ 6 个主蔓较好。每个主蔓可只留一个长短梢结果枝组。结果母枝绑缚于第一道和第二道铅丝上。

（2）龙干形

龙干形主要用于棚架栽培。龙干长为 4 ～ 10 m 或更长，视棚架行距大小而定。在龙干上均匀分布许多的结果单位，每年由龙爪上生出结果枝结果，龙爪上的所有枝条在冬剪时均短梢修剪；只有龙干先端的一年生枝剪留较长（6 ～ 8 个芽或更长）。

无论是一条龙、两条龙或多条龙，植株均有一主干长为 0.5 ～ 1 m，从其上分出两条、三条或多条龙干。另外，要注意龙干在棚面上的分布，使龙干与龙干之间保持合理的间距。短梢修剪的龙干之间的距离约 50 cm，如肥水条件很好，植株生长势很强，则龙干间距需增加到 60 ～ 70 cm 或更大。

在培养龙干时，为了埋土、出土的方便，要注意龙干由地面倾斜分出，特别是基部长 30 cm 左右这一段与地面的夹角宜小些（约在 20° 以下），这样可减少龙干基部折断的危险，龙干基部的倾斜方向宜与埋土方向一致。

大棚面上龙干分布间距较大时，或在肥水条件很好需要增加植株负载量时，也可对龙形植株在基本实行短梢修剪的同时，将少部分一年生枝适当长留，剪成中梢（4 ～ 9 芽），结果后立即疏去。在保持植株负载量相对稳定的条件下，也可以试行在龙干上配置长短梢结果枝组，这样可以淘汰一部分衰弱的枝组，并更多地利用优良的结果母枝。

2. 修剪

（1）冬季修剪

修剪时期一般在葡萄落叶后至埋土防寒之前进行。北京地区冬季修剪的最佳时期为 10 月中旬至 11 月上旬。

结果枝组修剪方法：适用于篱架的扇形和棚架的龙干形整形。在预备枝的基部选留健壮的一年生枝剪留 2 ～ 3 节作为下一年的预备枝，在上部选取健壮的一年生枝剪留 5 ～ 8 节作为结果母枝，当年的结果枝从基部疏除。如预备枝上仅抽生出一个健壮枝，则留 2 ～ 3 节短截，选取结果母枝上基部健壮枝条剪留 5 ～ 8 节作为结果母枝而形成结果枝组。

单枝更新技术：在春季将结果母枝水平或弓形引缚，促进枝条基部芽眼的萌发和生长。在冬季修剪时将结果母枝回缩至基部第一新梢处，所留新梢剪留 5 ～ 8 节。

短梢修剪：要求在夏季新梢引缚时采用水平或弓形引缚，促进新梢基部芽眼的发育。在冬季修剪时选取健壮的一年生枝剪留 2 ～ 3 节，多余和过密的枝条疏除。此种修剪方法多用于棚架的龙干形修剪。

（2）夏季修剪

抹芽、除梢：进入结果期的葡萄，须抹除主蔓基部 40 cm 以下的新梢和萌蘖枝，以减少病虫害的发生和营养消耗。结果部位新梢的确定应根据新梢所在部位、植株生长势、预期产量、架式等因素每平方米架面保留 8 ～ 12 个新梢，结果枝和预备枝的比例为 1 : 1 ～ 2 : 1。

复剪：复剪一般在萌芽以后（4 月下旬）结合抹芽进行。复剪分为 3 种情况。第一种，主枝头新梢生长健壮，在新梢前 1 cm 处剪截；第二种，主枝头生长弱，在下部找一个健壮新梢，在此新梢前 1 cm 处剪截，培养成新的延长头；第三种，枝蔓中部芽眼未萌发，上下两端新梢间隔较长，在下部新梢前 1 cm 处剪截。同时还要注意剪除出土碰伤的枝蔓，去掉干橛，清除架上的残枝卷须等。

新梢摘心和副梢处理：新梢摘心时间在开花前 5 ～ 7 天至初花期为宜，欧美杂交种如巨峰等坐果率较低的品种需重摘心、早摘心，花序以上留 4 ～ 5 片叶摘心；欧亚种及坐果率较高的品种如红提、京秀，花序以上可留 8 ～ 10 片叶摘心。副梢处理可采用留 1 ～ 2 片叶反复摘心，或采用留单叶绝后的副梢处理方法。顶部延长副梢可留 3 ～ 5 片叶。

（3）修剪的技术规则

应选留生长健壮、成熟良好的一年生枝作为结果母枝。成熟好的隐芽枝和副梢在必要时也可留作结果母枝。根据枝条粗细的不同，修剪时应注意剪口下枝条的粗度，一般应在 0.8 ～ 1 cm。枝条粗的适当长留，弱的应短留。但对于采用短梢修剪的植株，则枝条皆多数留 1 ～ 3 芽短剪。对长短枝组中的结果母枝，一般进行中梢修剪（留 5 ～ 9 个芽）或长梢修剪（留 10 个芽以上）。对替换短枝一律留 2 ～ 3 芽短剪。

剪截一年生枝时，剪口宜高出枝条节部 3 ～ 4 cm，剪口向芽的对面略倾斜。剪口也可在节部破芽剪截。通常，带有卷须或果穗的节部，有较发达的横膈，在节部剪截，对枝条内部组织的保护作用更好。

在疏除一年生枝及老蔓时，应从基部彻底去掉，勿留短桩。同时要注意伤口勿过大，以免影响母枝的生长。

剪口要平整、光滑，尽量使修枝剪的窄刀面朝向被剪去的部分，宽刀面朝向枝条留下的部分。

去除老蔓时，锯口应削平，以利愈合。不同年份的修剪伤口，尽量留在主蔓的同一侧，避免造成对伤口。

修剪长梢结果枝组时，对已经结过果的长梢结果母枝（二年生枝），原则上应全部剪除，而将位于其下方的替换短枝上长出的一两个一年生枝，剪留成新的长梢结果枝组。

为使长梢结果母枝疏除后的伤口位于老蔓的同侧，替换短枝基部第一个好芽应朝向枝组的外侧，在其上再留一个好芽后剪截，替换短枝应当由生长健壮的一年生枝短剪后形成。

对肥水条件好、生长势强的植株，也可适当剪留，加强枝组形成，即枝组中留两个长梢结果母枝和 1 个替换短枝。替换短枝可适当长留为 3 ～ 4 芽。

（四）埋土、出土、绑蔓和绑梢

1. 埋土

埋土防寒时间：埋土防寒在土壤上冻以前进行，北京地区在11月中旬以前完成。

埋土防寒的方法：将葡萄苗放倒，为了防止苗木根部折断，先在根茎部周围填土，垫成土枕，然后放平枝蔓、覆土。为了使根系不受到影响，要在行中间取土。土壤要打碎，填土要严实，植株两侧及上部覆土厚度均要达到20～25 cm。

2. 出土

葡萄出土应在春季平均气温上升到10℃以上后及时进行，北京地区可在清明节前后（4月上旬）完成。在出土前（3月下旬）将架面上残留的枝条、绑条清除，减少病源菌。然后，将架面的铁丝拉紧，整理架面。防寒土可以一次撤除，也可分两次进行。

3年以上的大树出土后要及时剥除枝蔓上的老皮，并集中烧毁或深埋。喷5° 石硫合剂，杀死越冬虫、卵及病菌，喷药时要细致周到，不漏喷，喷完后枝条呈灰白色。出土后将枝蔓平放于地面3～5天，等到枝条基部的芽开始膨大后再上架，以利枝条萌芽均匀。

3. 上架绑蔓

植株出土后应即时上架绑蔓。要注意使枝蔓在架面上均匀分布，将各主蔓尽量按原来生长方向绑缚于架上，保持各枝蔓间距离大致相等。

结果母枝的绑缚要予以特别注意，除了分布要均匀外，还要避免垂直引缚，以缓和枝条生长的极性，一般可呈45°角引缚，长而强壮的结果母枝可偏向水平或呈弧形。

葡萄枝蔓可用塑料绳、麻绳、稻草、柳条等多种材料绑缚，缚蔓时要注意给枝条加粗生长留有余地，又要在架上牢固附着。通常采用"∞"形引缚，使枝条不直接紧靠铅丝，留有增粗的余地。

4. 新梢引缚

当萌芽后新梢生长达40～50 cm时进行第一次引缚，这时篱架植株新梢已长过第二道铅丝，且新梢基部已开始木质化。当新梢长至70～80 cm，超过第三道铅丝时，可进行第二次引缚。根据副梢生长的强弱，特别对顶端延长副梢，可再引缚 1 次。发育较晚的短梢，可任其自由生长。

（五）花果管理

1. 疏花疏果及花序整形

单株保留花序量可根据植株生长势、栽植密度、果穗大小以及目标产量决定。开花前后掐除穗尖的 1/4 ～ 1/3，去除副穗，以利于提高坐果率。坐果完成后及时疏果，根据果形大小，每穗果可保留 50 ～ 100 粒果，有利于提高果实品质。

2. 果穗套袋

葡萄套袋在第一次果穗整理后进行。套袋前可先在果穗上喷一次杀菌剂如波尔多液或甲基托布津，待药液晾干后即可开始套袋。袋子可用报纸或质地略好的纸制作，也可购置专门供葡萄用的商品纸袋。葡萄纸袋的长度为 35 ～ 40 cm，宽 20 ～ 25 cm，具体长度、宽度按所套品种果穗成熟时的长度和宽度而定，但一定要大于其长宽。袋子除上口外其他三面要密封或粘合，套袋时将纸袋吹涨，小心地将果穗套进袋内，袋口可绑在穗柄所着生的结果枝上。

3. 果实采收

（1）采收时期的确定

鲜食葡萄要求在最佳食用成熟期采收，具体鉴别标准如下：① 白色品种绿色变绿黄或黄绿或白色；有色品种果皮叶绿素逐渐分解，底色花青素、类胡萝卜素等色彩变得鲜明，并出现果粉；② 浆果果肉变软，富有弹性；③ 结果新梢基部变褐或红褐色（个别品种变黄褐色、淡褐色），果穗梗木质化；④ 已具有本品种固有的风味，种子暗棕色。

如果是酿酒、制汁、制干用，除上述形态成熟标准外，最好用折光仪测定含糖量，要求含糖量高于 18%。如果制糖水葡萄罐头，则采收期提前到果实八九分成熟时，有利于除皮、蒸煮和装罐等工艺操作。

（2）采收方法

采收前十天须停止浇水，采摘时间应在果面露水已干开始，中午气温过高时停采。剪下后要注意轻拿轻放，保护好果粉，采后放在阴凉处或立即进保鲜库进行预冷。并注意以下几点：① 采摘应选择晴朗天气，待露水蒸发后进行，阴雨、大雾及雨后不能采收；② 采摘时一手握剪刀，一手抓住穗梗，在贴近母枝处剪下，保留一段穗梗，采后直接剪掉果穗中烂、瘪、脱、绿、干、病的果粒，加工后的果穗直接放入箱、筐或内衬塑料保鲜袋的箱内，最好不要再倒箱，不要异地加工；③ 采收、装箱、搬运要小心操作，严防人为落粒、破粒。尽量避免机械伤口，减少病原微生物入侵之门；④ 采收后应及时运往冷库，做到不在产地过夜，以保持果柄新鲜；⑤ 分期采收。同一棵葡萄上的果穗成熟度不同，为了保证葡萄的品质和入库后葡萄快速降温，应分期分批采收。

四、病虫害防治

（一）病害

1. 黑痘病

及时剪除病枝、病叶、病果深埋，冬季修剪时剪除病枝烧毁或深埋，减少病源；萌芽前芽膨大时喷 5° 石硫合剂；生长期间（开花前和开花后各 1 次）喷波尔多液，按硫酸铜 0.5 kg、生石灰 0.25 kg、水 80 ～ 100 kg 比例配成。

2. 霜霉病

从雨季起喷 200 倍波尔多液 4 ～ 5 次。

3. 炭疽病

及时剪除病枝，消灭病源；6 月中旬以后每隔半月喷 1 次 600 ～ 800 倍退菌特液。

4. 白粉病

保持架面通风透光；烧毁剪下的病枝和病叶；萌芽前喷 5 度石硫合

剂，5 月中旬喷 1 次 0.2° ～ 0.3° 石硫合剂。

5. 水罐子病

又名葡萄水红粒。通过适当留枝、疏穗或掐穗尖调节结果量；加强施肥，增加树体营养，适当施钾肥，可减少本病发生。

（二）虫害

1. 葡萄二星叶蝉

又名葡萄二点浮尘子。喷 50% 敌敌畏或 90% 敌百虫或 40% 乐果 800 ～ 1 000 倍液有效。

2. 葡萄红蜘蛛

冬季剥去枝喷上老皮烧毁，以消灭越冬成虫；喷石硫合剂，萌芽时 3 度，生长季节喷 0.2° ～ 0.3° 即可。

3. 坚蚧

又名坚介壳虫，可喷 50% 敌敌畏 1 000 倍液防治。

五、周年管理历

葡萄周年管理历见表 5。

表 5　北京葡萄周年管理历

时间	作业项目	工作内容和要求
3 月，萌芽前	紧铁丝	葡萄出土前，将松动下垂的铁丝用紧线器将葡萄架上的铁丝拉紧，并将歪斜的支柱扶正
3 月底至 4 月初，萌芽期	撤除防寒土	3 月底将覆盖在葡萄植株上的防寒土撤除。撤土时必须细心，不要碰伤枝芽。葡萄出土工作应在 4 月 5 日以前完成
	修整畦埂	修畦要使畦面平整，并培好畦埂。同时要修好灌水用的沟渠，保持畅通

（续表）

时间	作业项目	工作内容和要求
4月上旬 树液流动期 萌芽期	上架	葡萄出土后，趁枝蔓柔软的时候，尽早上架。枝蔓在架面上应摆得均匀，多主蔓扇形主蔓之间最好间隔40～50 cm。枝蔓应该斜绑，生长势强的结果母枝倾斜角度应更大一些，以减轻极性现象
	灌水追肥	葡萄上架后，在发芽前应灌1次透水，如果冬季雪少，土壤很干燥，最好连着灌2次透水。基肥少的葡萄园结合灌水，可施入尿素、硫铵等氮肥
4月中旬 萌芽期 展叶期	中耕	灌水后，待渗下后，应及时中耕，中耕深度径约10 cm。中耕时要将土块打碎耙细
	喷药	当芽的鳞片裂开膨大成绒球状时，喷3°～5° Bè石硫合剂或50%多菌灵可湿性粉剂800～1 000倍液，铲除越冬的病虫害，如黑痘病、白腐病、白粉病、蔓割病等，以及红蜘蛛、锈壁虱葡萄粉蛾、葡萄粉蚧等害虫喷石硫合剂必须适时，喷得过早效果不好喷得过晚有药害，同进要使所有枝蔓都喷上药
4月下旬 展叶期	灌水中耕	春旱土壤干燥时，应灌1次水。灌后中耕，深度在10 cm以内
	抹芽	展叶初期进行第一次抹芽。抹去老蔓上萌发的隐芽，结果枝基部的弱枝和副芽萌发枝。从地面发出的萌蘖枝除留作更新用的以外，都要除去
5月上旬 开花期	抹芽除梢	新梢长到10～20 cm，展叶5～6片时，进行第二次抹芽。这时已可看出新梢的生长势和花序好坏，这次应抹去生长弱枝、徒长枝、自然封顶枝、部分过密的发育枝，要着重留下生长势整齐均衡的新梢。除易徒长落花的巨峰品种外，一般品种在这次抹芽除梢后，留大致接近目标的新梢数
5月上中旬 开花期	绑梢	新梢长到40 cm左右时要把新梢绑到架上，以免被风吹折或被铁丝靡伤。绑时要把新梢均匀排开，新梢间距离以10 cm左右为宜，除整形需要的新梢可垂直绑缚外，一般新梢都应倾斜绑缚。以后随着新梢的伸长，要及时绑缚
	定枝	结合这次绑梢进行定枝，调整到预定的留梢数。巨峰旺树容易落花，定枝工作可推迟到落花后进行

（续表）

时间	作业项目	工作内容和要求
5月中旬 开花期 坐果期	灌水追肥	为了使开花顺利，在花前应灌 1 次水，使土壤和大气保持湿润。为了提高坐果率，在灌水前施入追肥，施入复合肥，或结合灌水施入腐熟人粪尿，水渗入后及时中耕除草
5月中旬 坐果期	喷药	为了预防黑痘病，开花前喷 1 次波尔多液（硫酸铜 1 kg：生石灰 0.5 kg：水 200 ~ 400 kg）。巨峰品种群和新玫瑰抗铜能力弱，波尔多液浓度不能太高，也可用 80% 代森锰锌可湿性粉剂 600 ~ 800 倍液代替
	结果枝摘心	为了提高坐果率，减少新梢对花序争夺养分，对容易落花落果的品种，玫瑰香、巨峰等的结果枝需要在花前摘心，一般在开花前 4 ~ 7 天进行，去新梢顶端幼嫩部分，对果穗紧密的品种，如黑汉、佳利酿等结果枝，前不要摘心，落花后再开始摘心
5月下旬 结果期	副梢处理	对副梢也应进行处理，以保持架面透光。一般将果穗以下的副梢从基除去，生长强的新梢，果穗以上 4 ~ 5 节的副梢也可从基部去掉，再往副梢留 1 ~ 2 叶摘心，新梢摘心处附近的 2 个副梢，可留 3 ~ 4 片叶反复摘，注意在新梢上保留必要的叶面积
	疏花序	为了保持适当的留果量和提高果实品质，观察树势，如发现花序过多，可疏去部分过多的花序，弱枝上的花序一般可以先疏，较弱枝的双序可疏去 1 个花序
	掐穗尖	在花前 3 ~ 5 天掐去花序末端 1/5 ~ 1/4，并剪掉歧肩和副穗，对容易落花，并易出现大小粒的品种玫瑰香、巨峰等更为重要
	喷硼	硼肥能促进受精，提高坐果率，可在花前 3 ~ 5 天喷 0.2% ~ 0.3% 硼砂液，对硼敏感的玫瑰香、新玫瑰等，效果更为明显
	喷药	落花坐果后，应立即喷 1 次 1：0.5：200 倍波尔多液，防止幼果感染黑痘病

（续表）

时间	作业项目	工作内容和要求
6月上旬 幼果期	追肥灌水	落花后10天左右，幼果迅速生长期，可施入复合肥，施肥后灌水或结灌水施入腐熟人粪尿。灌水后中耕，深度5 cm左右，并将杂草除净
	摘心	此时新梢和副梢旺盛生长，对花前摘心保留的副梢应及时摘心，保持6月中旬架面通透光。对发育枝留12～15片叶摘心，下部副梢从基部除去，顶端2个副梢可留2片叶反复摘心
6月下旬 幼果膨大期	灌水	如果雨水少土壤干燥时，应灌水，灌水后及时中耕除草。特别是巨峰葡萄怕旱，应及时灌水
	喷药	喷200倍石灰半量式波尔多液（即1：0.5：200）以防治霜霉病、白腐病、褐斑病等，如二星叶蝉危害重，可加粉锈宁乳油或硫酸悬剂等药剂。白腐病危害重的葡萄园，最好波尔多液和退菌特交替使用，即喷波尔多液15天后用600～800倍退菌特或多菌灵600～800倍液，10天后再喷波尔多液
7月上中旬 果实硬粒期	灌水喷药	天旱时仍应灌水，保持土壤湿润，并及时中耕除草。喷药内容和要求与6月下旬相同，在喷药时可加1%～3%的磷酸二氢钾或微量元素肥料，进行追肥
7月下旬 果实膨大期	摘心	对发育枝、预备枝、所留萌蘖枝都要进行摘心，并对副梢也进行摘心，促进新梢成熟并生长充实
	喷药	喷药内容和要求同6月下旬。如发现霜霉病普遍发生和蔓延，应喷瑞毒霉或乙磷铝锰锌可湿性粉剂抑制。退菌特等农药应采收前15～20天停止使用
	追肥	追施磷钾肥，如骨粉、草木灰、硫酸钾或者在喷药时结合喷1%～3%磷酸二氢钾和光合微肥或多元复合肥，提高果实品质和促进新梢成熟
8月上中旬 果实着色期	排水	进入雨季，地势低洼的葡萄园要注意及时排水
	除草	要及时除草，不使发生草荒加重病虫危害
	摘老叶	为了改善果实透光条件，提高果实着色度，在果实开始着色后，将贴近果穗遮光的老摘去些。这个措施对果实着色需要直射光线的玫瑰香、粉红葡萄和红富士等品种，更为必要

（续表）

时间	作业项目	工作内容和要求
8月下旬至9月上旬，成熟期	采收	如果市场需要，巨峰、玫瑰香等鲜食葡萄在果实达八成熟时即可采收上市
9月中旬采后管理期	施秋肥	果实采收以后，为了恢复树势，特别是高产园应施秋肥。以鸡粪作为秋肥最为理想。施肥后如土壤干燥，应灌水并及时中耕除草
10月中下旬落叶期	施基肥	施基肥应距离植株根部50 cm以外施入，避免损伤粗根。基肥应以有机肥为主，过磷酸钙和硫酸钾及硫酸亚铁也同时施入，并施入少量氮肥
10月下旬，休眠期	灌冻水	施入基肥后，灌足封冻水，以有利于防寒取土，并可防止冬季冻害和旱害
	冬季修剪	冬季修剪工作要求在10月下旬至11月上旬葡萄埋土防寒之间完成在修剪前应对全园植株生长情况进行观察，根据植株状况和今年实际产量，预定出明年的产量和今年的冬季修剪强度，即确定每株平均留芽量
11月上旬，休眠期	下架绑蔓	冬剪后，将枝蔓从架上取下来，并顺势将枝蔓入向植株两旁地上，用稻草捆好
	埋土防寒	应在土壤封冻以前完成。在根部1.2 m以外的行间取土，土块必须拍碎，将土放在地上的蔓上，埋土应分2次，第一次埋土厚度为10cm左右，在将封冻前再埋第二次，厚度15 cm左右成为垄状。埋土后要将土拍实，不能留有空隙

梨

一、主要品种

（一）北京传统优良品种

1. 京白梨

原产于北京门头沟东山村，有200多年的栽培历史，为秋子梨系统优良品种。

果实中大，平均单果重110 g，大果重可达200 g以上，扁圆形。果皮黄绿色，贮藏后转为黄色，果面平滑有蜡质光泽，果点小而稀；果肉黄白色，肉质中粗而脆，石细胞少；果心大；经后熟，果肉变细软多汁，易溶于口，香气宜人。可溶性固形物含量13%，品质上等。北京地区8月下旬果实成熟，不耐贮运，果皮磨伤易变黑。

树势中庸，枝条纤细，萌芽率高、成枝力强，成年树以短果枝结果为主，较丰产稳产。抗寒性强，喜冷凉栽培环境。黑星病和梨圆蚧危害较重。

2. 鸭梨

原产河北省，为最古老的白梨系统优良品种之一。

果实中等大，平均单果重160 g，果实倒卵形，果肩一侧常有突起且有锈斑；果皮底色绿黄，贮藏后转为黄色，果面光滑，有蜡质；果心小，果肉白色，质细脆，汁液极多，味甜微香；可溶性固形物含量12.0%，品质上等。北京地区9月中旬果实成熟。

树势较强，萌芽率高，成枝力弱。苗木定植后3年开始结果，以短果枝结果为主，丰产。抗寒力中等，抗黑星病和食心虫能力较弱。

3. 雪花梨

产于河北定县，主产区为，河北赵县、晋县，为白梨系统优良品种。

果实特大，平均单果重 300 g，最大果重可达 1 500 g 以上，果实多为长卵圆形或长椭圆形；果皮绿黄色，果面较粗糙，果点小而密，具蜡质，贮藏后变黄色；果心极小，果肉白色，肉质细脆，果汁较少，味甚甜，有香气；可溶性固形物含量 14%，品质中上或上等。北京地区 9 月下旬果实成熟。果实耐贮藏。

树势中庸，枝条粗硬，进入丰产期较晚。苗木定植后 3～4 年开始结果。萌芽率高，成枝力中等，主要以中、短果枝结果为主，短果枝寿命短，连续结果能力差。喜肥水，树体易早衰。抗寒力中等，较抗黑星病，易感轮纹病，抗风力弱。

4. 五九香

中国农业科学院果树研究所 1959 年以鸭梨为母本，巴梨为父本杂交育成。

果实大，平均单果重 271 g，大果重 1 000 g，果实呈粗颈葫芦形；果面平滑，有棱状突起，果皮绿黄色，肩部果梗附近有明显片锈，果点小而多，不明显；果心中大，果心线外石细胞多。果肉淡黄色，肉质中粗。果实采收后即可食用，经后熟肉质变软，汁液中多，味酸甜，具微香；可溶性固形物含量 13%，品质中上等。北京地区 8 月下旬果实成熟。

植株生长势较强，萌芽率高，成枝力中等。苗木定植后 3～4 年开始结果，以短果枝结果为主，幼果自疏能力强，多数花序坐单果。丰产稳产。抗寒性较强，抗腐烂病能力较西洋梨强，果实易受食心虫危害。

（二）近年发展的优新品种

1. 雪青

浙江大学园艺系以雪花梨为母本，新世纪为父本杂交育成。

果实大，平均单果重 300 g，圆形或长圆形；果皮绿色，果面光洁有光泽；果心小，果肉洁白，细脆多汁，味甜；可溶性固形物含量 12.5%，品质上等。北京地区 8 月中旬果实成熟。

树势强，萌芽率高，成枝力中等。以中短果枝结果为主，果台枝连续结果能力强。早果性强。抗轮纹病和黑星病。适于我国长江流域和黄河流域栽培。

2. 黄冠

河北省农科学院石家庄果树研究所以雪花梨为母本，新世纪为父本杂交培育而成。

果实大，平均单果重235 g，近圆形或卵圆形；果皮黄色，果面光洁，无锈斑，果点小，中密；果心小，果肉白色，肉质细，松脆，汁液多，酸甜适口，有香气；可溶性固形物含量11.4%，品质上等。北京地区8月下旬果实成熟。

树势强，萌芽率高，成枝力中等。嫁接苗定植后3年开始结果，以短果枝结果为主，有较强的自花结实能力。高抗梨黑星病。套袋果易感"鸡爪状"褐斑病。

3. 玉露香

山西省农科院果树所以库尔勒香梨为母本，雪花梨为父本杂交选育而成。

果实大，平均单果重236.8 g，大果重550 g，果实椭圆或扁圆形；果皮黄绿色，阳面有红晕或暗红色条纹，果面光洁细腻具蜡质，果皮极薄；果心小，果肉水白色，肉质细嫩酥脆酥脆，石细胞极少，汁液特多，味甜具清香，口感极佳；可溶性固形物含量12.%～14.0%，品质上等。北京地区果实8月下旬成熟。

幼树生长强，大量结果后树势中庸。萌芽率高，成枝力中等。初结果树以中长果枝结果为主，大量结果后以短枝为主。适应性较强，抗寒能力中等，抗腐烂病、褐斑病中等，抗白粉能力较强。果实耐贮藏，在自然土窑洞内可贮存5～6个月。

4. 红香酥

中国农业科学院郑州果树研究所以库尔勒香梨为母本，郑州鹅梨为父本杂交育成。

果实大，平均单果重220 g，果实卵圆形或纺锤形；果皮光滑，蜡质厚，果皮绿黄色，阳面有红晕；果心小，果肉白色，酥脆多汁；可溶性固形物含量13%～14%，品质上等。北京地区9月中旬果实成熟。耐贮藏，常温下可贮存 2 个月。

树势强，萌芽率高，成枝力中等，嫁接苗定植后第三年开始结果，以短果枝结果为主，花序坐果率高，有采前落果现象。高抗梨黑星病，不抗梨木虱和食心虫。

5. 早红考蜜斯

美国品种。果实中大，平均单果重 185 g，大者可达 270 g，细颈葫芦形；果实黄绿色，果面紫红色、光滑，向阳面果点小、中密、蜡质厚，阴面果点大且密、蜡质薄；果肉雪白色，半透明，肉质细，石细胞少，果心中大，可食率高。经后熟，则果肉变得柔软细嫩，汁液多，具芳香，风味酸甜，口感很好；采收时可溶性固形物含量为 12%，经后熟 1 周后可达 14%，品质上等。北京地区果实 8 月中旬成熟。果实常温下可贮存 15 天，在 1 ~ 5℃条件下可贮存 3 个月。

树体健壮，萌芽率高，成枝力强，易形成花芽，早实性强。结果能力强。进入结果期后，以短果枝结果为主，部分中长果枝及腋花芽也易结果，丰产稳产。该品种抗性强，适应性广，抗旱，抗寒，耐盐碱。抗干腐病，较抗轮纹病，病虫害较少。

6. 康佛伦斯

英国品种。果实大，平均单果重 200 g，细颈葫芦形；果皮绿黄色，阳面有淡红晕。果面平滑，有光泽；果肉白色，肉质细而致密，经后熟变柔软，汁液多，味甜，有香气，果心较小；可溶性固形物含量 14.2%，品质极上。北京地区果实 9 月中旬成熟。

植株生长势中等，萌芽率高，成枝力强。幼树结果较晚，高接树第 3 年开始结果。成年树丰产稳产。适应能力强，抗寒抗旱，抗腐烂病、黑星病和梨木虱。是目前引进西洋梨中适应性最强的品种。但偶有冻花现象。

7. 圆黄

韩国品种。果实大，平均单果重 350 g，最大 630 g，圆形，端正；果皮褐色，果面光滑，果点小而稀；果心小，果肉乳白色，肉质细嫩酥脆，汁多味甜，香味浓；可溶性固形物含量 14%，品质上等。北京地区果实 8 月下旬成熟。果个整齐，不同气候年份对果实膨大生长影响小。果实较耐贮藏。

树势生长较强，树姿半开张，萌芽率高，发枝力强。结果较早，以中、短果枝结果为主，丰产稳产。全树中枝发生多，果台副梢抽枝能力也强。抗黑星病能力强，栽培管理容易。花粉多，可作良好的授粉树，秋后中长枝有早落叶现象。

8. 丰水

日本育成。果实大，平均单果重300 g，圆形或长圆形；果皮黄褐色，果点大而多，果面有纵沟且略显粗糙。果心小，果肉乳白色，肉质细嫩，汁液特多，适口性好；含可溶性固形物13%，品质上等。北京地区8月下旬果实成熟。

幼树生长势强，结果后树势中庸。萌芽率高，成枝力中等。幼树以中长果枝结果为主，盛果期以短果枝结果为主。对黑斑病、轮纹病抗性强。缺点是果个均匀度差，果实不耐贮藏，果肉易发绵。

9. 黄金梨

韩国育成。果实大，平均单果重250 g，大果重500 g，圆形或扁圆形；果皮黄绿色，套袋后果皮金黄色，皮薄，果点小而稀；果心极小，果肉白色，细嫩，果汁多，石细胞极少，味甜且有香气；品质极佳，可溶性固形物含量14%。北京地区果实9月中旬成熟。

树势强健，萌芽率高，成枝力低。成花容易，一年生新梢易成腋花芽，腋花芽坐果率高。需实施套袋栽培，以套两次袋为好。枝条柔软，果实及叶片抗黑斑病、黑星病。该品种是目前抗病、丰产、果品质量、商品价值都较好的中晚熟品种。缺点是果皮娇嫩，果锈较重。果实萼端易患"黄头病"。要求高肥水，树体发长枝少易早衰。弱树结果小，商品率低。花粉少，注意配置双授粉树。

10. 新高

日本品种。果实大，平均单果重385 g，最大果重1 000 g，圆形或圆锥形，果形端正；果皮黄褐色，皮薄，果面光滑。果实套袋后果皮淡橘红色，果点大，密度中等；果心较大，果肉白色，肉质细嫩酥脆，多汁，味甜；可溶性固形物含量 14%，品质上等。该品种采前落果轻，适当延迟采收能提高果实含糖量。北京地区果实 10 月上旬成熟，可以延迟到 10 月中下旬采收，果实极耐贮存，贮存到春节前后风味更佳。

树势较强，枝条粗壮，以短果枝和腋花芽结果为主，中果枝也能结果，极易形成花芽，早果丰产。抗黑斑病，较抗黑星病。花粉少，不宜作授粉树。

二、生态习性

1. 温度

梨树喜温，生长期间需要较高的温度，休眠期则需要一定的低温。梨树开花需要 10℃以上的气温，14℃以上时开花较快。梨树的花粉发芽也需要 10℃以上的气温，24℃左右时花粉管的伸长最快，4～5℃时花粉管即受冻害。花粉自发芽到达子房受精一般需要 16℃的气温条件下 44 小时，这一时期遇到低温，可影响受精坐果。果实在成熟过程中，昼夜温差大，夜间温度低，有利于同化作用，有利于着色和糖分积累。

2. 光照

梨树喜光，年日照在 1 600～1 700 小时以上的地区生长结实良好。一天内一般要求有 3 小时以上的直射光较好。

3. 水分

梨的需水量在 353～564 ml，砂梨的需水量最多，在降雨量为 1 000～1 800 mm 地区，仍然能正常生长。白梨、西洋梨主要产在 500～900 mm 降雨量的地区，秋子梨最耐旱，对水分不敏感。在地下水位高，排水不良，孔隙率小的黏土中，根系生长不良。久旱、久雨都对梨树生长不利，在生产上要及时旱灌涝排，尽量避免土壤水分的剧烈变化。若梨园水分不稳定，久旱遇大雨，可以造成结果园大量裂果，损失巨大。

4. 土壤

梨树对土壤条件要求不是很严，沙土、壤土、黏土都可以栽培，但是仍以土层深厚、土质疏松、给排水良好的沙壤土为好。梨树最适宜生长的土壤含水量标准是田间最大持水量的 60% ~ 80%。

三、栽培技术

（一）土肥水管理

1. 土壤管理

（1）果园深翻

以秋季为宜。深翻一般在果实采收后至土壤封冻前结合施基肥进行。缺水山地果园可以在雨季到来之前进行。注意避免断大根。

深翻方法有以下 3 种：① 扩穴深翻。在幼园中应用，即由定植穴的边缘开始，每年或隔年向外扩展，挖宽 50 ~ 100 cm，深 60 ~ 100 cm 的环状沟，掏出沟中沙石，填好土，一直到相邻两株之间深翻沟相接为止；② 株间深翻，行间间作。一般在幼树栽植后 4 年内在行间间作。待间作物收获，土壤休闲期将果树株间深翻 30 ~ 50 cm；③ 全园深翻。可在成年果园中应用，全园撒施基肥后，将其翻入土壤内。深翻深度 30 ~ 50 cm，靠近树干的地方粗根多，应浅些。以上 3 种深翻方法要与施基肥一起进行。

（2）间作与生草

注意事项如下：① 果园禁止间作高秆作物和需水量多的秋菜。间作应以大豆、花生、绿肥或芸豆、红小豆为宜；② 幼树要留足树盘，树盘直径应与树冠大小相一致；③ 种植绿肥和行间生草：行间提倡间作三叶草、毛叶苕子、扁叶黄芪等绿肥作物，通过翻压、覆盖和沤制等方法将其转变为梨园有机肥。有灌溉条件的梨园提倡行间生草制；④ 中耕除草与覆盖：清耕区内经常中耕除草，保持土壤疏松无杂草，中耕深度 5 ~ 10 cm。树盘内提倡秸秆覆盖，以利保湿、保温、抑制杂草生长、增加土壤有机质含量。

2. 施肥

（1）基肥

秋季果实采收后施入，以农家肥为主。混加少量氮素化肥。施肥量按 1 kg 梨施 1 ~ 1.5 kg 优质农家肥计算，一般盛果期梨园每亩施 3 000 ~ 5 000 kg 有机肥。施用方法以沟施为主，施肥部位在树冠投影范围内。沟施为挖放射状沟或在树冠外围挖环状沟，沟深 60 ~ 80 cm；撒施为将肥料均匀地撒于树冠下，并翻深 20 cm。

（2）追肥

土壤追肥：每年 3 次，第一次在萌芽前后，以氮肥为主；第二次在花芽分化及果实膨大期，以磷钾肥为主。氮磷钾混合使用；第三次在果实生长后期，以钾肥为主。施肥量以当地的土壤条件和品种需肥特点确定。结果树一般每生产 100 kg 梨需追施纯氮 1 kg、纯磷（P_2O_5）0.5 kg、纯钾（K_2O）1.0 kg。施肥方法是树冠下开沟，沟深 15 ~ 20 cm，追肥后及时灌水。最后一次追肥在距果实采收期 30 天以前进行。

叶面喷肥：全年 4 ~ 5 次，一般生长前期 2 次，以氮肥为主；后期 2 ~ 3 次，以磷、钾肥为主，可补施果树生长发育所需的微量元素。常用肥料浓度：尿素 0.3% ~ 0.5%，磷酸二氢钾 0.2% ~ 0.3%，硼砂 0.1% ~ 0.3%。最后一次叶面喷肥在距果实采收期 20 天以前进行。

3. 灌水与排水

灌水以抓两头（开春到收麦，采收到封冻）控中间为原则。春季的花前水在果树萌动前 15 天进行。第二遍水在梨的小果花萼脱落时进行。以上两遍水都应渗入土壤 70 cm 深。施基肥后和封冻前都应灌足水。

旱地果园实行穴贮肥水。即早春时，在树冠投影内 0.3 ~ 0.5 m 处，均匀挖 4 ~ 5 个深 50 cm，直径 30 cm 的小穴，内埋作物秸秆或长 40 cm 粗 25 cm 的杂草草把。适时在草把上施化肥、浇水。酌情浇水 7 ~ 8 次，每次每穴 4 kg；施化肥 4 次，每次每穴 50 g。树盘须覆盖地膜或草，覆草厚度不能小于 20 cm。

（二）整形修剪

1. 整形

（1）主干疏层形

又称疏散分层形，是大冠稀植的主要树形。采用该树形的梨园，一般株距在 4 m 以上，行距 5～6 m，每亩（1 亩 ≈ 667m²，全书同）栽植 22～33 株。树体结构见图 1。

图 1 主干疏层形树体结构

整形技术如下：

中干和主枝：定植当年，在距地面约 90 cm 处定干，剪口下一般要求有 8 个左右的饱满芽。第一年冬剪时，选直立的、顶端生长较旺的枝条作中干，在约 60 cm 处短截，并重截中干下的竞争枝。在整形带内选留 3 个方位好的枝条作为主枝，长于 60 cm 以上的枝在 50 cm 处短截，剪口芽选外侧饱满芽。如当年选不出 3 个主枝，可在 2 年内完成。其他的枝条尽量缓放。第二年冬剪时，对中干在 50～60 cm 饱满芽处短截，疏除竞争枝或将其压弯培养为辅养枝。第一层主枝在延长枝 50～60 cm 外侧饱满芽处短截，促其扩冠。同时注意在主枝上选留侧枝，并在约 50 cm 处短截。其余的枝条尽量不动剪，留作辅养枝或培养为结果枝组。第三年以后每年冬剪时，对中干延长枝继续在 50 ～ 60 cm 处短截，直至达到要求。短截时剪口芽要选在上年剪口芽的反方向，以保证第四至第六主枝的方位互相错开排列。随着中心干的生长，分别选留第二、第三层主枝。主枝延长枝留 50 ～ 60 cm 短截，侧枝留适当长度短截。密生枝、徒长枝根据情况疏除或重短截。其他枝条一般长放不剪。生长季注意拉枝开角，及时疏除萌蘖枝、徒长枝等。主干疏层形的整形过程一般需要 5 ～ 6 年。

侧枝：主干疏层形下部的三个主枝上一般各培养 2 ～ 3 个侧枝，其上直接着生结果枝组。第一侧枝距中央干 50 cm 左右，第二侧枝着生在与第一侧枝相对的一侧，两者相距 60 cm 左右，第三侧枝着生在与第二侧枝相反的方向，两者相距约 50 cm，第一至第二侧枝要选留背斜侧枝。侧枝上培养的枝组不要向主枝方向伸展，主枝与侧枝的夹角部位不要留枝组。

辅养枝：辅养枝是指树冠中起辅养树体生长、补充树体结构空间和增加结果部位的枝，一般为临时性的枝。辅养枝的大小、多少、寿命视具体情况而定，以不影响骨干枝生长为原则。当辅养枝影响到主、侧枝生长及冠内光照时，应及时回缩或疏除。

（2）纺锤形

该树形适于密植梨园。一般行距 4 m，株距 2 ～ 2.5 m。树林结构见图 2。

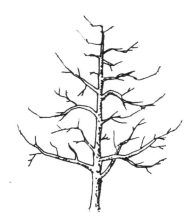

图 2　纺锤形树体结构

整形技术如下：定植当年定干高度 80 cm 左右，中心干直立生长。第一年不抹芽，在中心干 60 cm 以上选 2～4 个方位较好、长度在 50 cm 以上的新梢，新梢停止生长时对长度 1 m 的枝进行拉枝，一般拉成 70～80 度角，将其培养成大型枝组。冬剪时，中干延长枝剪留 50～60 cm。第二年以后仍然按第一年的方法继续培养大型枝组。冬剪时中干延长枝剪留长度要比第一年短，一般为 40～50 cm。经过 4～5 年，该树形基本成形，中干的延长枝不再短截。当大型枝组枝已经选够时，就可以落头开心。为保持 2.5～3 m 的树高，每年可以用弱枝换头，维持良好的树势，并注意更新复壮。前 4 年冬剪时一般不对小枝进行修剪，其延长枝可根据平衡树势的原则进行轻短截。对达到 1 m 长的大型枝组拉枝开角。未达到 1 m 长的枝不拉枝。延伸过长、过大的大型枝组应及时回缩，限制其加粗生长，使其不得超过着生部位中心干粗度的 1/2。5 年生以上的大型枝组，如果过粗时，有条件的可以回缩到后部分枝处，无分枝的可预先在粗枝基部刻伤促发分枝，或在主干上选定备用枝后在基部疏除。及时疏除中干上的竞争枝及内膛的徒长枝、密生枝、重叠枝，以维持树势稳定，保证通风透光，为提高梨果实品质打下基础。

（3）水平棚架形

棚架栽培是近几年引进的新的栽培技术。由于具有果品质量高、管理容易、投产早、抗风等优点，在大兴、房山等区县已成规模。生产中主要应用日式水平棚架。

棚架的整形修剪　在定植的第一年将苗木在 80 cm 处定干，定干后萌发 3～4 个新梢，当年冬季修剪对中干延长枝留 60 cm 短截，重截竞争枝，其他枝甩放不剪，甩放枝条结果并可辅养树体。第二年中干延长枝又可萌发 3～4 个新梢，冬季选留 3 个强壮枝做主枝修剪，对过渡层的枝进行去强留弱的修剪。第三年春季树体高达 150 cm 左右时，开始架设棚架并对选留的 3～4 个主枝新梢倾斜绑缚引导上架。冬季修剪时，将前两年甩放结果的时，将前两年甩放结果的第一层水平枝进行疏除，使结果的重点转移到水平架面上。第四年后，冬剪继续对骨干枝延长枝进行剪截，注意培养侧生结果枝组，疏除背上直立强枝，回缩交叉枝组，剪截中长果枝调节枝组长势。架面上主枝间的水平距离要保持在 1.5 ～ 2.0 m 左右。主枝间距大的，可选留 1 个侧枝；主枝间距小的可直接着生长放枝组。枝组与骨干枝的水平夹角为 90°。剪截骨干枝延长枝时，要看好 2 ～ 3 芽的方向，以有目的的选留大型枝组。为促进骨干枝延伸生长，各延长枝头不要水平绑缚在架面上，应使其向上保持 50° 角延伸。当各骨枝两侧的新梢长到 60 cm 长时，自新梢基部拿枝开角 90°，然后水平引缚在架面上，形成大型结果枝组（图 3）。

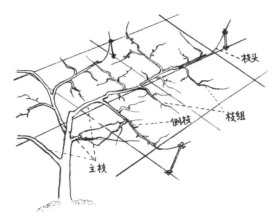

图 3　水平棚架形示意图

2. 各树龄时期的修剪

（1）幼树及初果期树的修剪

此期梨树修剪的目的主要是整形和以提前结果。幼树要"以果压树"，控制营养生长和树冠过大。砂梨（如黄金、水晶、新高等）一般在定植后的第二年结果，3 ～ 4 年形成产量，5 ～ 6 年达到盛果期。其他的梨品种一般 3 ～ 4 年结果，5 ～ 6 年形成产量，7 ～ 8 年达到盛果期。对梨树的幼树要及时进行拉枝、环剥、目伤、摘心等一系列措施。要因树因地整形修剪，不宜要求一致；要随枝随树作形，不要强树作形。另一条原则是一定要轻剪，总的修剪量要轻，尽量增加前期全树的枝叶量。

尽可能地增加短截的数量，使之多发枝，并加强肥水管理。

（2）盛果期树的修剪

梨树进入盛果期以后，修剪的任务是调节营养生长与生殖生长的矛盾，控制结果量，保持一定的新梢数量，维持一定的长枝、中枝、短枝的比例，以及发育枝和结果枝的比例，维持结果枝组的稳定性，调节主枝的角度和数量。

在盛果期，主枝、侧枝的延长枝向上生长，易造成外强内弱。修剪时要对其延长枝重剪或用背后枝换头，以控制其延长枝的上翘和旺盛生长。如果外围枝条过多，则宜疏去过多的枝条，尤其是旺枝、背上枝和直立枝。若外围结果过多，则宜疏除多余的结果枝和花芽，并留主枝延长枝的上芽，以防止树体外围过弱。主枝上的背上枝组，要适当控制，防止成为"树上树"，控制不了的就锯掉。疏除树膛内的徒长枝，回缩辅养枝，辅养枝无法控制的要从基部疏除。对轮生枝、交叉枝、重叠枝的处理要适当，可按具体情况来加以适当的处理。分枝角度小的品种（新高、水晶、秋黄、早生黄金等），内膛较大的枝干，当有碍于主枝、侧枝的生长时，可行重回缩；当主枝、侧枝大量结果后，角度稳定后，再疏除保留的部分。分枝角度大的品种（如华山、圆黄、黄金等），可从基部直接锯除在内膛较大的枝干。强弱适中的，可剪去有碍主侧枝发育的部分，使之成为辅养枝。生长较弱而又没有发展余地的，则从基部疏除。当侧枝交叉、对生、重叠和齐头并进的时候，要及时处理。

盛果期树，对于生产能力强的枝组，要按正常处理使它继续结果。对于生长弱的，分枝多的，结果能力下降的枝组，要在有分枝的地方及时回缩复壮。对于衰老、结果能力下降的枝组，要及时疏除。结果枝组修剪的总体原则是"轮换结果，截缩结合；以截促壮，以缩更新"。在具体修剪时应注意结果枝、发育枝、预备枝的"三套枝"搭配，做到年年有花、有果而不发生大小年，真正达到丰产、稳产的生产目的。合理配置大中型结果枝组、圆满紧凑枝组和两侧枝组，保证树体的通风透光条件。若树势较强，结果枝组有发展余地的时候，就应留延长枝让其逐年扩大。在扩大枝组的时候，还应注意前后的长势，前部较强时就应抑前促后，即用弱枝带头，疏去较强的枝条。前部较弱时应促前控后，用强枝带头，疏去较弱的枝条。若树势较弱时，应对枝组采取回缩更新的方法，来进一步调控树势，稳定枝组结构。进入盛果期以后，梨树很容易形成花芽，所以一定要根据树势来确定留花的数量，多余的要破芽修剪或疏除、回缩，并短截中、长果枝。容易形成腋花芽的品种，若短果枝较多，花芽量也足，周转也够，就不应留着生腋花芽的中、长果枝，进行不留花短截或将花芽剥离。特别是延长枝，一定要剥离花芽，并短截。

（3）衰老期树的修剪

梨树生长结果到一定的年限后，必然会出现衰老。衰老期修剪的基本原则是衰弱到哪里，就缩到哪里。注意抬高枝干和枝条的生长角度，回缩时应用背上枝换头。对结果枝组，要用利用强枝带头，强枝要留用壮芽。回缩时要分期、分批地轮换进行，不可一次回缩得太急、太快。在进行回缩前，通过减少负载量来改善树体的营养状况，使其生长势转强。对回缩后枝组的延长枝一定要短截，相临和后部的分枝也要回缩和短截。全树更新后要通过增施有机肥和配方施肥来加强树势，并认真防治病虫害，同时也要注意控制树势的返旺，待树势变稳后，再按正常结果树来进行修剪。

（三）花果管理

保花保果：花期放养蜜蜂或人工授粉，盛花期喷施 0.2% 硼酸，加叶面营养肥，提高坐果率。

"三疏"（疏花芽、疏花蕾、疏果）：冬季修剪疏除过多过密花芽，每 10～15 cm 留一个花芽；花蕾露白至初花期疏除过多过密花蕾，一般每花序留中间 2 朵花；谢花 15 天后开始疏果，20～25 cm 留一个果，达到叶果比（25～30）:1。

套袋：根据品种和市场需要选择合适的专用果袋，于 5 月底完成套袋，套袋前必须及时周到喷布杀虫、杀菌剂，果面干燥即可套袋，喷一片套一片。

采收：根据果实成熟度和市场需求综合确定采收时间，成熟度应在

8～9成。分批采收，轻采轻放，防止果实碰伤，分级包装出售。通过冷藏保鲜可延长上市销售时间。

四、病虫害防治

（一）病害

1.梨黑星病

（1）症状

梨黑星病能危害梨树的所有绿色组织，包括芽鳞、花序、叶片、果实、果柄、新梢等。受害处先生出黄色斑，逐渐扩大后在病斑叶背面生出黑色霉层。

（2）侵染及发病规律

以菌丝和分生孢子在病组织中越冬，也可以菌丝团或子囊壳在落叶中过冬。其发生及流行与降雨次数和降雨量有密切关系，温度也有一定影响。

（3）防治措施

① 冬、春季清园；② 发芽前喷50%代森胺杀死菌源；③ 病芽梢初现期，及时剪除病芽梢；④ 生长季喷药防治，药剂有40%福星乳油、10%世高水分散粒剂等。

2.梨轮纹病

（1）症状

主要危害枝干及果实，叶片很少受害。枝干上发病多以皮孔为中心，产生褐色病斑，略突起。第二年病瘤上产生黑色小突起（病菌的分生孢子器）。病果很快腐烂，但仍保持果形不变，失水干缩后变成僵果。

（2）侵染及发病规律

此病以菌丝体和分生孢子器在病残组织中越冬，4—6月形成分生孢子，7—8月分生孢子大量散发，借风雨传播，从皮孔及虫伤口侵入枝干及果实，病菌自幼果期至采收期均可侵入，至果实迅速膨大和糖分转化期开始发病。干旱年份发病较少，温暖多雨年份发病严重。

（3）防治措施

① 刮病皮清除菌源，而后涂抹腐必清 2 ～ 3 倍液，或 12% 843 康复剂 5 ～ 10 倍液等；② 喷药保护果实。5 ～ 8 月喷 50% 多菌灵、40% 福星乳油等。

3. 梨黑斑病

（1）症状

主要危害砂梨系果实、叶片和新梢。叶片开始发病时为圆形、黑色斑点，后扩大为圆形或不规则形病斑，有时微现轮纹。潮湿时病斑遍生黑霉。果实受害初期产生黑色小斑点，后扩大成近圆形或椭圆形。病斑略凹陷，表面遍生黑霉。

（2）侵染及发病规律

病菌以分生孢子及菌丝体在病叶、病果和病梢上越冬，翌年春天病部产生分生孢子，进行初次侵染。该病整个生长季均可发病。

（3）防治措施

① 秋季搞好清园工作；② 梨树发芽前喷一次 5°Bé 石硫合剂。生长季在花前、花后各喷一次杀菌剂，连续喷 3 ～ 5 次。选用 50% 扑海因可湿性粉剂、10% 多氧霉素可湿性粉剂、70% 代森锰锌或 1：2：240 倍波尔多液等。

4. 梨褐斑病

（1）症状

该病仅发生在叶片上，发病初期叶面产生圆形小斑点，边缘清晰，后期斑点中部呈灰白色，病斑中部产生黑色小粒点状突起，造成大量落叶。

（2）侵染及发病规律

病菌在落叶上过冬，春天产生分生孢子及子囊孢子，成熟后借风雨传播到梨树叶上进行初次侵染。在生长季，病叶上产生分生孢子行再侵染并蔓延危害。多雨水年份、肥力不足、阴湿地块发病较重。

（3）防治措施

① 秋后清除落叶，集中烧毁或深埋，减少越冬菌源；② 雨季到来前

喷 70% 甲基托布津可湿性粉剂，或用 50% 多菌灵可湿性粉剂，或用波尔多液 1∶2∶200 倍液。

5. 梨锈病

（1）症状

梨锈病又称赤星病，危害叶片、幼果和新梢。发病初期病斑为橙黄色圆形小点，逐渐扩大且叶正面病斑凹陷，后期病斑正面密生黑色颗粒状小点（性孢子器），最后变成黑色。病斑背面隆起，其上长出黄褐色毛管状物（锈孢子器），成熟后释放出大量锈孢子。

（2）侵染及发病规律

该病以多年生菌丝体在桧柏病组织中越冬，早春形成冬孢子堆，4～5 月遇雨吸水膨胀，形成胶质冬孢子角，并产生担孢子。担孢子随风雨传播，侵染嫩叶、新梢和幼果，萌发后 6～10 天即可产生病斑，并在病斑上产生性孢子器，溢出大量黏液，内含大量性孢子。由昆虫或雨水传到其他性孢子器上，结合形成锈孢子器，产生锈孢子。锈孢子不能再侵染梨，而是借风力传播到桧柏树上越夏、越冬。

（3）防治措施

① 清除转主寄主；② 早春喷 2°～3° 石硫合剂或波尔多液 160 倍液；③ 在发病严重的梨区，花前、花后各喷一次药以进行预防保护，可喷 25% 粉锈宁可湿性粉剂等。

（二）虫害

1. 中国梨木虱

（1）发生与危害

梨木虱的成虫、若虫均可危害，以若虫危害为主。若虫多在隐蔽处，并可分泌大量黏液。常使叶片粘在一起或粘在果实上，诱发煤污病。

（2）习性及发生规律

梨木虱以成虫在树皮裂缝、落叶、杂草内过冬，早春梨花芽萌动时开始出蛰危害，出蛰后先集中到枝芽上取食，而后交尾并产卵。此期将卵产在短果枝叶痕和芽基部，以后各代成虫将卵产在幼嫩组织的茸毛内、叶缘锯齿间和叶面主脉沟内或叶背主脉两侧。每年发生代数各地均不相同，北京发生 3 ～ 4 代。

（3）防治措施

① 保护和利用天敌。在天敌发生盛期尽量避免使用广谱性杀虫剂；② 在越冬成虫出蛰盛期至产卵前喷 3°～ 5°Bè 石硫合剂、人工捕杀成虫等；③ 在落花后第一代幼虫集中期喷 5% 高效氯氰菊酯，或用 30% 百磷3 号，或用阿维菌素等。

2. 梨小食心虫

（1）发生与危害

梨小食心虫危害桃嫩梢，蛀入梨果实心室内危害。幼虫在果内蛀食多有虫粪自虫孔排出，常使周围腐烂变褐。

（2）习性及发生规律

每年发生 3 ～ 7 代，因地区不同而差异较大。雨水多、湿度大的年份发生量大，危害重。

（3）防治措施

① 建园应避免梨桃混栽，减少梨小转移危害；② 结合清园刮除树上粗裂翘皮，消灭越冬幼虫；③ 用糖醋液和梨小性诱剂诱杀成虫；④ 在二三代成虫羽化盛期和产卵盛期喷药防治，药剂有 20% 灭扫利乳油、20% 氰戊菊酯乳油、5% 高效氯氰菊酯乳油等。

3. 梨黄粉蚜

（1）发生与危害

梨黄粉蚜又叫黄粉虫，在我国北方梨产区发生普遍，主要危害梨树果实、枝干和果台枝等，叶很少受害，以成虫、若虫危害，梨果受害处产生黄斑并稍下陷，黄斑周缘产生褐色晕圈，最后变为褐色斑，造成果实腐烂。

（2）习性及发生规律

每年发生 8 ～ 10 代，以卵在果台、树皮裂缝、翘皮下越冬。此虫多在避光的隐蔽处危害，成虫发育成熟后即产卵，卵往往在虫身体周围堆集，将成虫覆盖。卵期 5～6 天，孵化后幼虫爬行扩散，转至果实上危害。实行果实套袋的果园，袋内果实很易发生黄粉虫，幼虫从果柄上的袋口处潜入，则很难用药剂防治，易造成危害。

（3）防治措施

① 冬、春季刮树皮和翘皮消灭越冬卵，也可于梨树萌动前，喷 99% 机油乳剂 100 倍液杀灭越冬卵；② 转果危害期喷药防治，药剂有 10% 烟碱乳油、2.5% 扑虱蚜可湿性粉剂、10% 蚜虱净可湿性粉剂等；③ 套袋栽培使用防虫药袋，并于套袋前喷一次杀蚜剂。

4. 山楂叶螨

（1）发生与危害

又叫山楂红蜘蛛，叶片受害后叶面出现许多细小失绿斑点，严重时全叶焦枯变褐，叶片变硬变脆，引起早期落叶。

（2）习性及发生规律

一年发生 6～9 代。以受精后的雌成螨在树皮缝内及树干周围的土壤缝隙中潜伏越冬，当花芽膨大时出蛰活动，梨落花期为出蛰盛期，是防治的关键时期。展叶后转到叶片上危害，并产卵繁殖。每年 7—8 月发生量最大，危害也最严重。山楂红蜘蛛一般喜在叶背面危害，并有拉丝结网习性，卵多产在叶背面的丝网上。高温干旱的天气适合其繁殖发育。

（3）防治措施

① 刮除粗裂翘皮、树皮，消灭越冬成螨；② 保护利用天敌，在药剂防治时，尽量选择对天敌无杀伤作用的选择性杀螨剂；③ 抓越冬成螨出蛰盛期和第一代卵孵化盛期喷药防治，药剂有硫悬浮剂及 0.5°Bè 石硫合剂。生长季可选用药剂有 20% 螨死净乳油、5% 尼索朗乳油、5% 卡死克乳油等。

五、周年管理历

梨园周年管理历见表 6。

表6　梨园周年管理历

时间	作业项目	主要工作内容
	清扫果园	把落叶、枯枝、病虫果清扫干净，集中烧毁
	灌冻水	11月上中旬必须灌水完毕，水量以接上底墒为准
	冬季修剪	按照确定的树形，本着适期结果丰产稳产的原则。幼树尽早成形；结果树维持中庸树势，枝组细致修剪。防止"大小年"的出现
11月至翌年3月上旬	刮树皮、喷药	每年或隔年修剪后，给主干、主枝、骨干枝刮粗皮、病疤处烂皮，残屑应带出园外销毁，清除虫枝和虫芽，清除田间落叶落果，集中销毁。剪锯口可涂农抗120康复剂原液。勿用梨、苹果、杨树作支棍。山地梨树在主干上围塑料膜，膜上涂凡士林油或99.1%加德士敌死虫乳油，阻止草履介上树，喷布腐必清、农抗120、菌毒清或3°～5°石硫合剂（兼治越冬的叶螨和蚜类） 越冬梨木虱每株达10头以上时，喷两次30%桃小灵乳油2 500倍，或用2.5%功夫乳油2 000～3 000倍，如果梨木虱很少，可只喷30～40倍石灰水+1%食盐，防治产卵喷5%柴油乳剂或3度石硫合剂，消灭梨木虱、蚜虫等
	物资准备	备足肥料、农药、维修农机具
3月中下旬	修整水土保持工程	3月上旬完成，有灌水条件的要修好渠道
	追肥灌水	全年梨幼树追纯氮每株0.045～0.09 kg，纯氮、纯磷、纯钾的比例为1∶0.5∶1，可1次施入。结果树全年按每产果50 kg施用纯氮0.25 kg，纯氮、纯磷、纯钾的比例为1∶0.5∶1，此次应在去秋施基肥的基础上施用全年氮肥量的1/3。基肥末混入磷肥，应将全年的磷肥一次施入。施肥后灌水并中耕保墒

（续表）

时间	作业项目	主要工作内容
3月中下旬	喷药	继续剥除病斑和病瘤，并涂腐必清或农抗120等消毒，喷布多菌灵或甲基托布津加10%吡虫啉，喷福星或15%粉锈宁加乐斯本或蚜灭多1次。喷药后及时堵塞沟缝，用黄泥或涂墙用的大白，加适量纤维素加水调成糊状，再加1/1 000的吡虫啉，把锯口缝、嫁接处伤疤填满抹平，消灭其内黄粉蚜、二斑叶螨
	补植	缺株、缺授粉树的梨园，应在此时补栽
	高接换优	品种低劣或缺授粉树的梨园，可在此时进行高接换优，增加授粉品种树
4月	喷药	防治梨木虱、红蜘蛛：检查梨木虱的产卵量，如果产卵量大，可加喷0.4°～0.5°石硫合剂。4月中下旬，盛花后4天喷10%吡虫啉4 000倍，如果在花序分离到开花降过10 mm以上的雨，则加800倍多菌灵防治金龟子、梨象甲、梨实蜂。花前地面撒50%辛硫磷乳油每公顷3.0～6.0 kg+细土450～600 kg，也可地面喷辛硫磷500～600倍液，花期敲击树干枝振落害虫
	灌水防冻	在临近开花期时灌1次水，以减轻霜冻危害
	疏花	在花序伸出时进行，留花量占总生长点的37%～45%。中小型果品种平均16cm留1花序，大型果品种20～30 cm留1花序
	授粉	提早制作花粉。一般一株树上有60%的花开放期为最佳授粉期。可采用人工授粉或放蜂进行传粉，放蜂时切忌喷农药。蜂箱应提前3～5天移入果园，遇不良天气应人工补授

（续表）

时间	作业项目	主要工作内容
5月	喷药	谢花后两周，喷 70% 哒满灵 400 倍液或 5% 尼索朗 1 500～2 000 倍。利用天敌防治蚜虫或喷布吡虫啉或喷布灭幼脲 3 号悬乳剂 1 000～2 000 倍液或 10% 阿维菌素 5 000 倍液，或用 1% 苦参碱醇水剂 1 000 倍，或苏云菌杆菌可湿性粉剂 500～1 000 倍液防天幕毛虫、梨食芽蛾
	疏果	有果枝要达到总生长点的 30%。疏果应在幼果脱去花萼后进行，一律留单果，留花序位低的果
	套袋	疏果的同时即可套袋，套袋必须在落花后 40 天内完成。套袋前应喷布防病虫药剂
	施肥、灌水	结果的大树，5 月下旬应追施全年计划施氮肥量的 2/3。并施用钾肥，如钾肥为草木灰，应与氮素化肥分施。施肥后灌水、松土。5 月下旬开始，每 25～20 天进行 1 次叶面喷施尿素 0.3%～0.4%，磷酸二氢钾 0.2%～0.3%，连续喷 3 次
6月	喷药	挂频振式杀虫灯或糖醋液诱杀梨小食心虫，捕杀天牛、金龟子。6 月中旬麦收前套袋后，防治梨木虱、梨蚜、茶翅蝽、白飞虱、轮纹病、黑星病、褐斑病，喷多菌灵可湿性粉剂 + 阿维菌素或三唑锡 + 除虫菊酯
	灌水中耕	根据天气情况灌 1～2 次水，灌水后中耕除草
	覆草	结合清除树盘杂草和麦收，进行树盘覆草，覆草厚度不能小于 20cm。并且要注意防火
7月	喷药	7 月上旬果实迅速膨大开始期，喷吡虫啉 + 毒死蜱 + 代森锰锌 + 苯醚甲环唑，防治红蜘蛛、梨木虱、梨蚜、梨小食心虫、褐斑病、黑星病；7 月下旬果实第二速长期，喷代森锰锌 + 戊唑醇 + 吡虫啉 + 除虫菊酯，防治黑星病、轮纹病、梨木虱、梨蚜、白斑金龟子、梨小食心虫

（续表）

时间	作业项目	主要工作内容
7月	吊枝、撑枝	对于结果多的大枝，尤其是密植条件下，开张角度大的结果枝，要进行支撑，以防压折。对新植幼树，要进行拉枝，开张角度
	除草、压肥	沤制绿肥。尤其是山区新开垦、明春要定植的果园在雨季之前平整地后，应在此时将定植穴或沟中进行填草，以保证明春的栽植
8月上中旬	喷药	① 8月上中旬果实迅速膨大期，喷灭扫利＋多菌灵＋苯醚甲环唑，防治梨小食心虫、红蜘蛛、黑星病、褐斑病、梨蚜、茶翅蝽、白斑、金龟子；② 树干绑草，诱杀梨木虱、黄粉虫、食心虫等
	采收准备	采收前，做好果场的消毒、维修，果棚的整修工作，并准备好采收工具、纸箱及运输工具等
	采收	陆续采收、入库
8月下旬至9月	施基肥	采收后至11月上旬施完，幼树每株施有机肥25～50 kg或压绿肥75 kg；结果大树根据每公斤果施有机肥2 kg
10月	深翻	结合施基肥行。尤其是沙石较多的地方，需进行扩大深翻，更应做好此项工作，以保稳产。深翻时应注意勿伤大根

板　栗

一、主要品种

1. 华丰板栗

山东省果树研究所从野杂12（野板栗 × 板栗）× 板栗的杂交后代中选育的新品种。9 月中旬成熟。坚果大小整齐、美观，果肉细糯香甜，含水 46.92％，糖 19.66％，淀粉 42.29％，脂肪 3.33％，蛋白质 8.5％。适于炒食，耐贮藏。幼树生长旺盛，雌花形成容易，1 ～ 2 年生苗定植后当年嫁接，翌年即可结果，接后 2 ～ 4 年平均每公顷 2 674.5 kg，第 7 年 6 405 kg，3 ～ 7 年平均 4 650 kg。

2. 华光板栗

山东省果树研究所以野杂 12× 板栗杂交育成。9 月中旬成熟。坚果大小整齐、光亮，果肉细糯香甜，含水 45.73％，糖 20.1％，淀粉 48.95％，脂肪 3.35％，蛋白质 8％。适于炒食，耐贮藏。幼树生长旺盛，大量结果后生长势缓和，结果枝粗壮，雌花形成容易，结果早，丰产、稳产。苗砧嫁接后第 3 年平均每公顷产量 2 506 kg，第七年 5 055 kg，3 ～ 7 年平均 4 080 kg。

3. 红栗1号

山东省果树研究所从红栗 × 泰安薄壳杂交后代中筛选而成。为我国首次通过人工杂交选育成的生产兼风景绿化的新品种。9 月 20 日左右成熟。坚果大小整齐、饱满、光亮，果肉黄色，质地细糯香甜，含水 54％，糖 31％，淀粉 51％，脂肪 2.7％。在常温下沙藏 5 个月，腐败率仅 2％。树体健壮，雌花形成容易，早果丰产。嫁接后 2 ～ 4 年平均株产 8.2 kg，亩产量 421.6 kg，最高 560 kg。适应范围广，抗逆性强，在山区、丘陵和河滩地栽培，树体生长发育均良好，结果正常。

4. 郯城 3 号

从实生栗树中选出的新品种。9 月下旬成熟。单粒重 12 g，含水 55％，糖 29％，淀粉 53％，脂肪 2.7％。为早实丰产、品质优良的炒食栗新品种。

5. 石丰板栗

山东省海阳县从实生栗中选出。9 月下旬成熟。坚果红褐色，整齐美观，果肉细糯香甜，含水 54.3％，糖 15.8％，淀粉 63.3％，脂肪 3.3％，蛋白质 10.1％。较耐贮藏。树势稳定，冠内结果能力强。树体较矮小，适宜密植，早果丰产性好。抗逆性强，适应范围广。

6. 红光栗

由山东省莱西市店埠乡从实生栗树中选出。10 月上旬成熟。单粒重 9.5 g 左右，坚果红褐色，大小整齐美观，果肉质地糯性，含水 50.8％，糖 15.4％，淀粉 64.2％，脂肪 3.06％，蛋白质 9.2％。耐贮藏。

7. 早丰板栗

河北昌黎果树所从实生栗中选出。坚果扁圆形，大小整齐，褐色，茸毛较多，单果重 7.6 g，果肉质地细腻，含糖量 19.7％，味香甜。该品种适应性、抗逆性较强，早实丰产性强。嫁接后第 2 年结果，3～4 年生亩单产 224 kg。

8. 燕奎板栗

河北省昌黎果树所由实生栗中选出。坚果近圆形，平均重 8.6 g，整齐均匀，棕褐色，具光泽，含糖 21.1％，质地细糯，味香甜。高产，稳产，抗干旱，耐瘠薄。为优质中熟品种。

9. 银丰板栗

北京市林果所从实生栗中选出。坚果圆形，平均重 7.1 g，褐色，具光泽，大小整齐美观，果肉质地细糯，含糖量 21.2％，品质上等。耐贮藏。嫁接后 2 年结果，3～4 年丰产，平均亩单产 191 kg。为优良晚熟品种。

10. 尖顶油栗

江苏省植物所从实生栗中选出。果皮紫红色，富光泽，大小整齐，单果重 8.2 g，肉质细糯，味香甜，品质优。嫁接后 2 年结果，盛果期密植园亩产 258 kg。晚熟，抗性强。

11. 燕山魁栗

河北省迁西县从实生栗树中选出。坚果椭圆形，棕褐色，具光泽，大小整齐一致，果肉质细糯，含糖 21.2%，适于炒食，品质佳。幼砧嫁接后 3 年结果，5 年生平均株产 2.60 kg，适应性强，丰产、稳产。

二、生态习性

1. 温度

板栗适于在年均温 10 ～ 17℃的范围内生长。生长期（4—10 月）的日均温为 10 ～ 20℃，冬季温度在 –25℃以下，开花期适温为 17 ～ 27℃，低于 15℃或高于 27℃均将影响授粉受精和坐果。8 ～ 9 月间果实增大期，20℃以上的平均气温可促使坚果生长。

2. 水分

栗树不耐涝，连续积水 1 ～ 2 个月，根系就开始腐烂，树体死亡。因此在排水不良的地方，应加强排水管理。板栗生长的不同物候期对水分的要求和反应不同，特别是秋季板栗灌浆期，如水分充足，有利于坚果的充实生长和产量的提高。

3. 光照

板栗为喜光性较强的树种，生育期间要求充足的光照。特别是花芽分化要求较高的光照条件。光照差，只能形成雄花而不能形成雌花，这也是板栗树外围结果的主要原因。日均光照时间不足 6 小时的沟谷地带，树体生长直立，叶薄枝细，产量低，品质差。因此在园址的选择、栽种密度的确立、整形修剪的方式以及其他栽培管理方面，应根据板栗喜光性强这一特点来考虑。

4. 土壤

板栗适宜在含有机质较多通气良好的沙壤土上生长，有利于根系的生长和产生大量的菌根。在黏重、通气性差，雨季排水不良（易积水）的土壤上生长不良。板栗对土壤酸碱度敏感，适宜的土壤 pH 值范围为

4～7，最适宜 pH 值为 5～6 的微酸性土壤。石灰岩山区风化土壤多为碱性，不适宜发展板栗。花岗岩、片麻岩风化的土壤为微酸性，且通气良好，适于板栗生长。

三、栽培技术

（一）土肥水管理

1. 土壤管理

（1）扩埯压肥

每年的雨季在树冠投影边缘挖一条宽 40 cm、深 60 cm 的环形沟，如果是山地可沿水平方向分别在上方、下方挖两条沟，压入青稞绿肥（荆条、杂草）50～100 kg，表土与底土倒置回填，同时做好水土保持工程，形成外高内低的梯田面。为了加快绿肥的腐熟和分解，每棵树可同时施入碳铵或尿素 2.5 kg，如果是空蓬率高的树，可结合板栗雨季施硼同时进行。

（2）中耕除草

每年进行 2～3 次。土壤解冻后，应及时中耕，夏季松土除草，及时扩树盘蓄水，同时除草压肥。

（3）地面覆盖

采果后松土保墒，可进行树盘覆盖。树盘覆盖就是利用秸秆、杂草等有机物粉碎后，均匀覆盖在树盘内，厚度 15～20 cm，覆盖物上再盖 5 cm 的土，这样既起到除草灭荒、增肥改土的效果，又起到蓄水保墒、稳定地温的作用，从而达到壮树增产目的。

（4）幼树间作

栗园郁闭前可合理间作矮秆豆科作物。

2. 施肥

（1）基肥

在 10 月中旬或板栗采收后施有机肥以每亩 2 m³ 为宜，可采用条状沟施、环状沟施，也可采用全园撒施在树下，结合松土翻入地下。开沟宽

40 cm，深 60 cm。

（2）追肥

山地没有水浇条件的以雨季（7 月中旬至 8 月中旬）结合扩堰压肥进行追肥，以氮肥为主，每株 2 kg 左右，施肥深度 20 ～ 40 cm。如有条件最好使用板栗专用肥。有水浇条件的板栗园追肥可分二次进行：第一次在新梢开始生长期，也是雌花分化期，以氮肥为主，可增加雌花量和促进枝叶生长；第二次在果实膨大期，追施复合肥或板栗专用肥，可使果实饱满，增加产量。施肥后必须结合灌水。施肥量要根据密度、产量的不同来确定，一般第一次每亩施尿素 20 kg，第二次每亩施复合肥 40 kg。

土壤施硼可降低板栗空蓬率，提高产量，1 次土壤施硼，效果可持续 3 年。

（3）叶面喷肥

5 月下旬、6 月中旬各喷 1 次 0.3% 的尿素；8 月中旬、8 月下旬各喷 1 次 5 000 倍的灭菌肥或腐殖酸高效喷淋肥；板栗采收后在喷一次 0.3% 的尿素。在花期喷 0.3% 的硼砂对防治板栗空蓬也有一定效果，需连年喷施。

3. 灌水与排水

水浇地栗园春季萌芽前浇 1 次水生长季节如降水不足各浇水 1 次；采收后浇水 1 次。无水浇条件的栗园雨季在树下覆草（秸秆、杂草等）保墒，覆草厚度 10 ～ 15 cm。

（二）整形修剪

1. 整形

（1）开心形

没有中心干，干高 50 ～ 60 cm，全树 3 ～ 5 个主枝，各主枝在主干上相距 25 cm 左右。主枝开张角度 45° ～ 50°，每主枝选留 2 ～ 3 个侧枝。

修剪方法：定干高 50 ～ 60 cm，从剪口下选出生长势强的新梢 3 个，培育成主枝，各主枝间方位错开，有一定间距，其余新梢剪除。当选留新梢长到 70 cm 左右时，就及时摘心，促发二次枝培养侧枝，以后每年继续培养主枝及侧枝。主枝开张角度45°～50°，对影响主、侧枝生长的枝及时剪除。

（2）变则主干形

干高60～70 cm，全树主枝4个，每层1个主枝，每个主枝的方位不同，主枝间隔60～70 cm，主枝开张角45°，每主枝两侧选留1～2个侧枝。

修剪方法：定干高60～70 cm，首先从剪口下选直立的强旺枝为中心主枝延长枝，其次选择角度大，生长健壮的枝为第一主枝延长枝，并短截。第二年从中心主枝上选留与第一主枝方向相反相距50～60 cm的壮枝为第二主枝。以后修剪每年选留一个主枝，各主枝的方位彼此错开，保持一定距离和角度，在各主枝的外斜侧，选留第一、第二侧枝，方位彼此错开，间距40～60 cm。第四至第五年主侧枝基本形成，即可剪除中心延长枝。

（3）主干疏层延迟开心形

干高60～80 cm，全树留5个主枝。第一层3个主枝，主枝间距25 cm，开张角度45°～50°。第二层2个主枝，间距50 cm，开张角度30°～40°，层间距80～100 cm。每个主枝选留1～2个侧枝，第一侧枝距主干70～80 cm，第二侧枝距第一侧枝40～60 cm。

修剪方法：定干60～80 cm，第二年春选直立壮枝作为中心延长枝，在饱满芽处短截，同时选分布均匀的第一层3个主枝，并在饱满处短截。第三年春，对中心延长枝短截，留40～50 cm长。在距第一层主枝80 cm处，选留1～2个方位适宜的壮枝，作为第二层主枝。两层主枝方位要上下互相错开，每个主枝要选留1～2个侧枝，第一层主枝的第一侧枝距主干70 cm，第二侧枝距第一侧枝40 cm左右。第四年为防止树势上强，将强旺的第一芽延长枝自基部重截或拉平使其结果，利用第二芽枝做延长枝，并适当短截。在距第二层主枝60 cm左右处，选壮枝作为第三主枝。对其余细弱枝、重叠枝、交叉枝等都疏除。第五年后进入盛果期，保留五个主枝及其侧枝，应及时除掉中心枝，落头开心。

2. 不同类型树体修剪

（1）幼树修剪

选留不同方位的 3～4 个主枝延长枝。

嫁接成活初期要及时除去砧木上的萌蘖，以免竞争养分和水分。对嫁接后未成活的树，除选留砧木上分枝角度、方位理想的旺盛萌蘖枝，来年再补接外，其余萌蘖一律去除。

夏季及时摘心。一般是在新梢生长至 30 cm 左右时，摘除先端 3～5 cm 长的嫩梢，摘心后新梢先端 3～5 芽再次萌发生长，或单芽萌发单轴延工。摘心处形成轮痕，轮痕以下 3～5 芽是第二次新梢萌发生长以前营养分配的中心，可形成数个大芽，结果早的品种甚至可以形成花芽。

（2）密植园板栗修剪

解决光照：对于在内膛中心部分抽生并形成"树上长小树"的较大枝，要及时从根疏除，保证密植园栗树多主枝不规则自然开 树形，只要中心无大枝档光，密植园树体光照合同，就是密植丰产、稳产的基础。

结果母枝的修剪：由同一枝上抽生的结果母枝一般为 2～3 个，生长势强的可达到 5 个。对于三权枝可以疏除细弱母枝，集中营养；重短截健壮枝，为第二年结果做准备；缓放（或轻短截）中庸枝。对于分枝较多的同组结果母枝，也可应用以上原则，短截其中 1～2 条壮枝，疏除细弱枝，对中庸枝留 3～4 个大芽轻短截。

回缩：当部分枝条顶端生长势开始减弱、结果能力稍差时，应适时分年分批地回缩，降低到有分枝的低级次位置上，密植栗树的回缩应常年进行，降低结果部位，延缓结果外移的空间。

内膛结果枝的培养和处理：对内膛细弱枝，应从基部疏除。对挡光严重的徒长枝，若周围不空，可以从基部去除；而对光秃内膛陷芽产生的徒长性壮旺枝，可以重短截，或在夏季摘心，促生分枝，培养健壮的结果母枝。

（3）过度密植园改造

缩伐：对于每亩超过 110 株的栗园，当覆盖率达到 80% 时，则应采取隔行、隔株间伐。即在树冠交接前确定永久树及缩伐树，缩伐树为永久树让路。缩伐的树采用回缩修剪方法控制树冠，当两树冠密接时，对间伐树先行回缩，妨碍多少回缩多少，回缩后两树枝头应保持 0.6 m 的间距。逐年回缩直到间伐为止。对于间伐树，以回缩修剪促其结果为主。

过密树移栽：对于生产上目前株距低于 2 m 的栗园，可以采取移走栽植的方法。

品种改造：对于已交接郁闭，但种植密度低于 80 株的栗园，可以结合树体改造高接适宜密植的优良品种，利用多头高接，高接后第二年结果，3 年即可达到一定产量，很快便见效。改造时可以部分树改造，或整园进行改造。

改造树体结构：改造成"自然开心形"，改造后的栗树，控制结果部位外移，配备好结果母枝和预备枝，达到连年稳产的栽培目的。树干及主枝上光秃时，可以采取腹接技术，使树冠内的枝在各方位均匀排布。个别骨干枝距地面太高时，可以在 50 cm 左右处锯掉，锯口切平，再行嫁接。若骨干枝距地面距离合适，但骨干枝上光秃严重，也可将骨干枝留一定长度锯去，再嫁接。这种处理方法也可以结合品种换优进行。

（4）放任生长的老栗树修剪

① 先落头压缩中干，再逐年疏除重叠、并生、交叉大枝；② 对萌发的旺枝、徒长枝，在冬剪时，采用重中短截，促发分枝，结合夏剪，摘心 2 ～ 3 次；③ 疏除过密枝、交叉枝、细弱枝；适当回缩冗长枝、光秃枝，促发基部隐芽萌发新梢，对新梢生成的壮枝，采用重、中短截并结合夏季多次摘心培养结果枝组。

3. 修剪量的确定

幼年结果树结果母枝应控制在 4 ～ 8 个 /m^2；成年结果树结果母枝应控制在 8 ～ 14 个 /m^2。

（三）花果管理

1. 提高板栗雌花数

板栗属雌雄异花植物，雌花较难分化。雌花量不足是限制板栗直产的主要因素。丰产园与低产栗园相比，前者土壤中氮、磷含量均高于后者，但以磷的差异较明显。通过增施磷混有机肥，树体磷素营养提高，栗树雌花枝量增，雄花枝减少，每果枝平均结苞数增多，产量得以显著提高。土壤中速效磷含量不应低于 12 mg/kg。需要注意的是，磷肥在充足氮肥的基础上，才能充分发挥其作用。磷素过量，则易发生缺铁、铜症。

增施磷肥，尤其是秋季施磷混有机肥或早春施磷肥对促进板栗雌花分化、增加雌花量有显著的促进作用。

2. 除雄技术

过去多采用人工去雄，即当雄花序不足 2 cm 时，除将新梢最上端的 3～5 个花序（可能是混合花序）保留外，其余全部疏除。除雄可以明显地增加雌花数量。减少雌花因营养不良而发生的败育。板栗雄花消耗大量的树体营养，早期人工疏除 95% 的雄花，平均可以增产 47% 左右，是有效的增产技术之一。采用化学疏雄技术也可达到同样的效果。

3. 花期施硼减少空蓬率

初花期和盛花期喷 0.2%～0.3% 硼酸 + 0.2% 磷酸二氢钾 + 0.2%～0.3% 尿素 + 微肥，花后则着重喷尿素和磷钾肥。花期喷肥可以降低空苞率，还可以促进栗蓬发育，减少因营养不良而造成的落果。

4. 疏除二次花

秋季板栗壮树容易形成二次花，消耗树的营养，因此，应该疏除二次花，以免影响第二年产量。

5. 果实采收

栗果成熟的标志是总苞变成黄绿褐色，苞口裂开，露出坚果，坚果皮色变为赤褐或棕褐色，完熟的坚果自然脱落即可采收。

目前，板栗采收方法主要有两种：① 拾栗。待树上的总苞完全成熟，自然开裂，坚果落地拾取。一般每天早晚拣 1 次，以免损失；② 打栗。大部分产区采用打栗方法。即在全园有总苞近一半成熟开裂时用竹竿 1 次全部打落，拣拾总苞和落栗。打下的总苞堆放在通风高燥的地方，60～80 cm 厚，上盖席箔，每 3～5 天洒 1 次水，10 天左右总苞自然开裂，然后取出坚果，及时贮藏。

四、病虫害防治

（一）病害

1. 粗皮病

粗皮病多发生在 3—4 月多雨、气温时高时低温差较大的情况下，一般发生在幼树嫁接的伤口愈合差的部位土壤贫瘠生长势较弱的栗树，以 10 年以下栗树发病最为严重。发病轻者生长不良或不发叶，重者枝条枯死，甚至整株死亡。

防治方法：① 修剪：对感病树轻病轻剪，重病重剪。清除病枝、枯死枝或枯死的整株，集中烧毁；② 药物灌根：用 40% 多菌灵 100 g、硼砂 100 g、ABT 生根粉 1 g 对水 50 kg 灌根，在树冠沿滴水线挖 2～3 m 长、20 cm 深、50 cm 宽的环形沟，将配好的混合液每株施 3.5～5 kg，然后覆土填平；③ 涂干：用 5% 的烧碱液涂干；④ 喷叶：在 5—7 月，用 40% 多菌灵 500 倍液、ABT 生根粉 15 L/μl、2% 硼砂、叶面宝、井岗霉素 500 倍液、福美胂 80～100 倍液、腐烂敌 80～100 倍液，每隔 10～15 天在叶面、枝干喷洒 1 次；⑤ 注意用肥：少施速效肥，多施有机肥；⑥ 施硼：在感病栗园可每亩施硼砂 0.5～1 kg。

2. 膏药病

膏药病易发生在栗树密闭、通风透光条件差的栗树枝干上，长出灰色至灰褐色菌膜。

防治方法：用煤油或柴油与硫磺粉 1∶0.5，或用 3°～5°Bè 石硫合剂涂刷病部。

3. 白粉病

白粉病主要发生在幼树和栗树苗木嫩叶和新梢，感病部位产生白色粉状物。

防治方法：① 剪除病梢，减少病菌侵染来源；② 发病严重的栗树，在开花前和落花后喷 2 次 25% 粉锈灵可湿性粉剂 1 500 ～ 2 000 倍液，或喷 50% 硫悬浮剂 300 ～ 400 倍液。

4. 栗仁褐变病

栗仁褐变病即栗仁部分有绿色、黑色或粉红色霉状物，栗仁霉烂或硬化。

防治方法：① 在 6—7 月给栗园增施钙（石灰每亩 4 ～ 5 kg）；② 等栗仁充分成熟时采收。

5. 栗疫病

又名板栗胴枯病。病症主要发生在树干和主枝上。病部略微凹陷，病斑有呈水肿状隆起的橙黄色小粒点，内部湿腐，有酒味，干燥后树皮纵裂。

防治方法：① 加强栽培管理，增施肥水，培养壮树，及时治虫和防寒，保护嫁接口以及避免一切机械损伤，对伤口涂抹多菌灵可湿性粉剂 100 倍液或 50% 甲基托布津 100 倍液，可抑制病菌侵入；② 及时拔除病株和剪除病枝，并集中烧毁。剪除病枝时，须从患部以下带健康枝段剪掉，并涂药保护伤口；③ 将病斑刮除后用 40% 的福美砷可湿性粉剂 50 倍液加 2% 平均加，或用 50% 多菌灵可湿性粉剂 100 倍液，涂抹消毒，结合使用"腐必清"，能防止病斑重犯，并能促进伤疤愈合；④ 从 4 月中下旬开始，用抗菌素"401""402"200 倍液加 1% 平平加，在病部（先刮去病部的粗皮）每隔 15 天涂药 1 次，共涂 5 次。

（二）虫害

1. 栗实象

栗实象幼虫在栗实内取食，形成坑道。

防治方法：① 冬季搞好栗园深翻，消灭越冬幼虫；② 成虫密度大的栗园，在 6—7 月成虫出土期，在地面喷洒 5% 辛硫磷粉剂，2% 甲氨磷粉剂；③ 成虫出土后，向树冠喷 40% 久效磷乳剂 1 500 倍液或 40% 乐果乳剂 1 000 倍液，或用 50% 滴滴畏乳剂 800 倍液。

2. 金龟子

金龟子幼虫冬季在土壤中越冬，一般于 4 月下旬至 5 月上旬化蛹，5 月下旬成虫危害多种植物。6 月中下旬，特别是在麦收后，大量转移到板栗幼树上危害嫩叶，重者全株嫩叶食光。

防治方法：① 利用金龟子成虫假死性，采取震落，人工捕杀；② 利用成虫趋光性，用灯光诱杀；③ 右每年 10 月上旬或次年 4 月对栗园进行深翻，消灭越冬幼虫；④ 在 6 月上中旬成虫出土期往地面喷洒 50% 辛硫磷乳油 300 倍液；⑤ 成虫发生期可往树叶上喷洒 50% 对硫磷乳油 1 500 ～ 2 000 倍液或辛硫磷乳油 1 000 倍液。

3. 栗剪枝象甲

又名剪枝象鼻虫。成虫咬食嫩果枝及嫩刺苞，造成果枝被咬断和大量栗苞落地。

防治方法：① 在栗园中及时拾净落地的果枝、栗苞，集中烧毁；② 在成虫出土前（5 月底至 6 月上旬），用 75% 的辛硫磷 500 ～ 1 000 倍液喷洒地面，杀死刚出土的成虫；③ 在成虫发生盛期（6 月下旬），利用其假死性，摇动树枝，震落后消灭。或向树冠下部喷 75% 的辛硫磷 2 000 倍液。

4. 栗大蚜

又名大黑蚜虫，主要危害嫩枝，引起树势衰弱。

防治方法：① 人工防治：冬、春刮树皮或刷除越冬密集的卵块；② 药剂防治：向板栗嫩梢栗大蚜集中的地方，喷 50% 的敌敌畏 1 500 ～ 2 000 倍液，40% 的乐果 2 000 倍液，或用灭扫利 2 500 ～ 3 000 倍液。

5. 栗链蚧

栗链蚧成虫介壳略成圆形，以成虫和若虫群集在树干、枝条和叶片上刺吸树汁液。

防治方法：① 在 3 月上旬到 4 月上旬和 7 月中旬到 8 月中旬 2 次成虫发生期，用 80% 敌敌畏乳油或 40% 乐果乳剂 1 000 倍液喷洒树枝干叶和虫体杀灭；② 剪去越冬虫枝烧毁；③ 冬季对受害树附近喷洒 1°～ 3°石硫合剂，杀灭越冬成虫、若虫。

6. 栗瘿蜂

又名栗瘤蜂，在板栗产区均有发生。主要危害栗芽，在抽生的新枝周围形成小枣大小的瘤子，虫子躲在瘤子内。瘤子的部位一般在弱枝、叶柄、叶脉上，常引起枝条枯死。

防治方法：① 保护和利用寄生蜂：栗瘿蜂的天敌有十几种，主要是跳小蜂。它能寄生在栗瘿蜂的幼虫中，在瘤子内越冬。冬季修剪后，保存被害的干枯瘤，4—5 月再放到栗园中去，使寄生蜂羽化后，飞出去再产卵寄生；② 疏除细弱枝，消灭芽内幼虫：栗瘿蜂主要在树冠内腔郁闭的细弱枝的芽上产卵危害，因此在修剪时，进行清膛修剪，将细弱枝清除，消灭越冬幼虫；③ 药剂防治：在成虫出瘤期（6 月中旬左右），喷 50% 的杀螟松 1 000 ～ 2 000 倍或 50% 的"1605"2 500 ～ 3 000 倍液。

7. 桃蛀螟

又名桃斑螟，幼虫期危害果实，常在总苞和幼果之间蛀食，大都在果实成熟期侵入，将栗果蛀成孔道，甚至蛀空，并有大量虫粪和丝状物，因而失去食用价值。

防治方法：① 采收后及时脱粒可减轻危害；② 在幼虫发生期，向树冠喷洒 50% 的杀螟松 800 ～ 1 000 倍液或 50% 的"1605"2 500 ～ 3 000倍液；③ 清理越冬场所，及是烧掉板栗刺苞，杀死越冬幼虫。

8. 栗实象鼻虫

又称象鼻甲。主要蛀食果实，栗果内有虫道，粪便排于虫道内，而不排出果外，这种习性区别于桃蛀螟。

防治方法：① 适时采收，防止种子落地后幼虫入土越冬；② 利用成虫的假死性，于 8 月上旬，在早晨露水未干时，轻击树枝，兜杀成虫；

③ 成虫羽化后（8月上旬至9月上中旬），向树冠喷洒50%的甲基对硫磷乳油（甲基1605）1 500倍液，或用50%的对硫磷2 000～2 500倍液，或用50%的杀螟松乳油500倍液（2～3次）。

9. 栗天牛

主要是云斑天牛。幼虫在树干内做纵横道危害，致使树势衰弱甚至死亡。成虫啃食嫩枝。

防治方法：① 5—7月，用小型喷雾器从虫道注入80%的敌敌畏100～300倍液5～10 ml，然后用泥或塑料袋堵注虫孔，杀死虫道内的幼虫；② 在栗园周围配置樟树（香樟），或在栗园内挂樟叶包；③ 从虫道插入"天牛净毒签"，3～7天后，云斑天牛、桑天牛等蛀干害虫幼虫致死率在98%以上。其有效期长，使用安全、方便，节省投入。

10. 樟蚕

食叶害虫，严重时可将叶片吃光，影响树木生长。

防治方法：① 利用成虫的强趋光性，在成虫羽化盛期，用杀虫灯诱杀；② 对幼虫喷无公害绿色农药25%阿维菌素·灭幼脲3号悬浮剂，使用浓度为1 500～2 500倍液，一般施药24小时后开始中毒死亡。使用前务必将瓶下部沉淀摇起，混匀后再使用。本剂对蚕有毒，养蚕区不宜使用；③ 人工刮除卵块，或在老熟幼虫下树时捕杀。

五、周年管理历

板栗周年管理历见表7。

表7　北京板栗周年管理历

时期	栽培管理工作	备注
12月上旬 3月上旬 休眠期	（1）冬季修剪 （2）结果树要精细修剪 　留好结果母枝及预备枝 （3）采集接穗 （4）防治栗瘿蜂、栗大蚜	采集的接穗要及时贮藏 病虫害防治要点： （1）结合冬剪，除掉细弱枝、病虫枝 （2）刮除透翅蛾虫疤，减少越冬虫基数 （3）刮树皮或刷除栗大蚜越冬卵块

（续表）

时期	栽培管理工作	备注
3月中旬至3月下旬芽萌动期	（1）追速效性生物速效肥 （2）施硼肥 （3）用惠满丰或生物速效肥喷全树枝干 （4）采穗圃采接穗，并及时封蜡 （5）中耕保墒 （6）防栗大蚜、栗疫病	山地土壤解冻时追肥。水浇地，施后浇水。施硼肥后，一定浇水。 病虫害防治要点： （1）萌芽前喷3°石硫合剂；卵孵化后喷1 000倍液"烟百素"防治栗大蚜 （2）用25%灭幼脲3号悬浮剂1 000～2 000倍液，涂透翅蛾虫疤 （3）引入苗木要严格检疫栗疫病 （4）对已发生疫病树要多施肥，增强树势，对剪口、伤口要涂保护剂；检查病斑刮治，然后涂腐必清
4月芽萌发期	（1）幼树撤防寒土，并浇水 （2）建园栽树 （3）苗圃嫁接育苗；大树高接换优 （4）防栗大蚜，栗透翅蛾	抗旱保墒，山地幼树要浇水 病虫害防治要点： （1）用0.3%苦参碱水剂800～1 000倍液或"烟百素"1 000倍液全树喷洒防栗大蚜 （2）继续防治栗透翅蛾
5月新梢速长期	（1）济阳霉素防治红蜘蛛 （2）叶面喷生物速效肥或惠满丰 （3）全树喷"烟百素"1 000倍液，防治红蜘蛛及栗大蚜	叶面喷肥浓度为0.3% 病虫害防治要点： （1）用1%阿维菌素乳油5 000倍液或5%尼索朗乳油2 000倍液或10%济阳霉素乳油1 000倍液，防治红蜘蛛 （2）剪除栗瘿蜂虫瘤 （3）继续防治栗透翅蛾
6月营养生长期花期	（1）除雄花序（注意物候期） （2）防治红蜘蛛；刮栗疫病病斑，然后涂石硫合剂液 （3）高接大树除砧木萌蘖及新梢摘心 （4）圃内嫁接苗要除萌蘖，浇水追肥 （5）叶面喷肥 （6）做好水土保持工作，整修梯田，修树盘，水浇地要浇水	人工除雄花序时，严格按说明书操作。喷生物速效肥和硼 病虫害防治要点： （1）通过夏剪，除去栗瘿蜂虫瘤 （2）在栗树花期防第一代栗皮夜蛾，喷25%灭幼脲3号悬浮剂1 000～2 000倍

（续表）

时期	栽培管理工作	备注
7月 营养 生长期 幼果 发育期	（1）扩树盘，修整梯田，蓄水保墒 （2）压绿肥，追速效肥 （3）施硼肥 （4）高接大树除萌蘖，新梢摘心 （5）防木橑尺蠖，栗皮夜蛾	施硼肥要根据大小树施不同的数量 病虫害防治要点： （1）在栗瘿蜂成虫羽化期（约7月上旬），全树喷50%马拉硫磷乳油1 000倍液或99.1%加德士敌死虫乳油200～300倍 （2）7—8月防第二代栗皮夜蛾，打杀虫剂。喷25%灭幼脲3号悬浮剂1 000～2 000倍液 （3）7月下旬防木橑尺蠖
8月 果实 生长期	（1）叶面喷磷酸二氢钾或尿素 （2）继续压绿肥 （3）防治栗实象甲、栗皮夜蛾、桃蛀螟 （4）浇水追肥	叶面喷浓度为0.3% 病虫害防治要点： （1）栗食象甲发生期，及时喷渗透性强的杀虫剂 （2）防三代栗皮夜蛾及木橑尺蠖 （3）防治桃蛀螟，用50%马拉硫磷乳油1 000倍液，全树喷洒
9月 果实 采收期	（1）树下中耕除草、整平、做好采收准备 （2）准备地沟，清理冷库、地窖消毒 （3）每天拾栗子，及时贮藏 （4）采收完毕，叶面喷生物速效肥，树下用秸秆、杂草覆盖保墒 （5）喷杀虫剂或熏蒸栗果防治桃蛀螟、栗皮夜蛾	喷生物速效肥浓度为0.5%。树下覆草后要压土，防风，防火 病虫害防治要点： （1）采收前桃蛀螟、栗皮夜蛾的防治同8月 （2）采收后，对堆放的栗苞可喷50%马拉硫磷乳油1 000倍液，或把栗果密封仓库内，用二硫化碳或溴甲烷或磷化铝熏蒸
10月 落叶期	（1）施基肥，有条件灌水，应及时浇水 （2）清理堆放栗苞、栗果场所，防治越冬虫害	将存放栗苞、栗果场所喷杀虫剂
11月 落叶期	（1）幼树埋土防寒 （2）刮树皮涂白 （3）检查贮藏的栗果	把栗苞、栗果残体及堆放场所杂物烧掉

枣

一、主要品种

（一）鲜食品种

1. 冬枣

别名冻枣、苹果枣，果皮薄而脆，赭红色，不裂果。果肉质地细嫩，味甜多汁，品质极上。鲜枣含可溶性固形物38%～42%，可食率96.9%。果实生长期约125天，10月上旬成熟。该品种适应性较强，较耐盐碱。丰富稳产，是很发展前途的鲜食晚熟品种。

2. 尜尜枣（gugu）

果实两端钝尖而光圆，形似一种儿童玩具尜儿，两头尖，中间大，因而得名尜尜枣，也称尜枣，为鲜食名贵品种之一。果皮薄，紫红色。果肉质细而脆嫩，甜而微酸，汁多，鲜果含全糖29.91%、含酸0.56%，含维生素C 189.1 mg/100 g，品质上等。果实9月上旬成熟。早期丰产和丰产稳产性极佳，但易裂果。

3. 马牙白枣

又称白马牙，北京地方品种，各地均有栽培。果个大小较均匀。果肉淡绿色，细嫩多汁，风味甜，可食部分占全果重的92.94%，鲜果含全糖35.3%、含酸0.67%，含维生素C 332.86 mg/100 g，品质上等。8月下旬果实成熟。早果丰产性极佳，适应性较强，对土壤条件要求不严格。容易裂果是不足。

4. 郎家园枣

原产北京朝阳区郎家园一带。果实小，长圆形，平均单果重5.63g，果面平滑、具光泽，果皮薄脆、深红色。果肉质地酥脆多汁，甜味浓，稍有香气，可食率95.7%，品质极上等，鲜果含糖31%～35%。果实生长期 90 ～ 95 天，9 月上旬成熟，产量不高，采前裂果较轻。

5. 长辛店白枣

北京地方品种，果型大，平均单果重 14.3 g，皮薄，肉脆，汁多，味甜，鲜果含可溶性固形物 29.6%。可滴定酸 0.26%，维生素 C 375 mg/100 g。品质极上等，9 月中旬果熟。丰产性极佳，采前裂果较重，不耐贮运。

6. 怀柔脆枣

也称红螺脆枣。怀柔西三村一带栽培较多，栽培历史悠久。该品种属优质鲜食大枣类型，果实大，平均果重 21.8 g，果皮薄，深红色，有光泽。果肉淡绿色，质地脆，汁液较多，味酸甜。鲜枣含总糖总糖 16.92%、总酸 0.474%，维生素 C 281.47 mg/100 g，鲜食品质上等。9 月中旬成熟。

7. 北京鸡蛋枣

果个大，形似鸡蛋，因而得名，散见于北京居民庭院。平均单果重 20.3 g，果皮暗红色，有光泽；果肉白绿色，松脆多汁，味甜；鲜枣含糖 18.52%，含酸 0.47%，含维生素 C 202.7 mg/100 g，可食率达 98.69%，品质上等；9 月中旬成熟，易裂果。

8. 京枣 39

北京市农林科学院林果研究所选育的鲜食大枣品种，平均单果重 28.3g，果皮薄，全熟时果皮深红色，果面较平整，果肉绿白色，质地酥脆，汁液多，味酸甜，总糖达 21.7%，可溶性固形物 25.4%，酸 0.36%，维生素 C 276 mg/100 g，鲜食性好，风味佳，品质极上等。该品种早实性强且丰产性好，但易裂果。

9. 大老虎眼枣

北京地区地方品种，平均单果重 12.9 g，果皮赭红色，果面光滑，果肉脆熟期浅绿色，果肉致密、酥脆，汁液中多，风味浓酸。略有甜味，甜酸适口，鲜食品质上等。可溶性固形物 24.80%，可食率 96.2%。早果丰产，坐果率很高，裂果、生理落果极轻微，不发生采前落果。果实成熟早，8 月中旬成熟。

（二）鲜食与制干兼用品种

1. 赞皇大枣

原产河北赞皇，平均果重 17.3 g，大小整齐，果面平整，果皮深红褐色，不裂果，果肉致密质细，汁液中等，味甜略酸，含可溶性固形物 30.5%，可食率 96.0%，制干率 47.8%，果实生长期 110 天左右，产地 9 月下旬成熟。该品种适应性较强，耐瘠耐旱，坐果稳定，产量较高。果实品质优良，适于制干枣和蜜枣，也宜鲜食，用途广泛。适于北方日照充足，夏季气候温热的地区发展。

2. 骏枣

主产于山西交城的边山一带，果大，圆柱形，有"八个一尺，十个一斤"之说，平均果重 22.9 g，大小不均匀。果面光滑，果皮薄，深红色。果肉质地松脆，汁液中等。含糖量 28.7%，酸 0.45%，维生素 C 432 mg/100 g，可食率 96.3%，品质上等。果实生长期 100 天左右，产地 9 月中旬进入脆熟期。生食、加工、制干均可，制作醉枣品质甚优。

3. 苏子峪大枣

原产于平谷区大华山乡苏子峪，也称苏子峪蜜枣。果实特点：果实较大。果皮薄，果肉致密而脆，果汁中等多，味甜而稍酸。核稍大。果实 9 月上中旬成熟。枣头黄褐色。生长旺盛。树势较旺，较丰产。适应性强，山地、半山地都可栽植。抗病力弱，食心虫危害较重，枣疯病严重。果实品质上等，可干鲜两用。丰产性能好，抗逆性强，是很有发展前途的北京枣品种。

（三）制干品种

1. 金丝小枣

原产山东、河北交界地带，果实较小，平均单果重 5 g。果皮薄，鲜红色，光亮美观，果肉质地致密细脆，汁液中等多，味甘甜微酸。含可溶性固形物 34%～38%，维生素 C 56 mg/100 g，可食率 95%～97%，制干率 55%～58%，果实生长期 100 天左右，产地 9 月下旬成熟。金丝小枣是我国较为优良的红枣品种，盛果期产量高而稳定。

2. 无核小枣

又名空心枣、虚心枣，产于山东乐陵、庆云及河北盐山、沧县等地，是稀有干制良种。果实多为扁圆柱形，中部略细，大小不均匀，单果重3.9 g。果皮薄，鲜红色，有光泽，富韧性。果肉质地细腻，稍脆，汁液较少，味甚甜，含可溶性固形物33.3%，可食率98%～100%，制干率53.8%，鲜食品质中上。干制红枣含糖75%～70%，含酸10.0%，贮运性能优良，品质上等，果核退化成薄膜质不能当作种子。果实生长95天左右，9月中旬采收。

3. 密云金丝小枣

以产地命名，北京密云县西田各庄乡为其主产区。枣果实为卵圆形，两边对称，平均重5.5 g；果皮红色，果肉脆甜；鲜枣含糖30.52%，含酸0.46%，每百克含维生素C 185.9 mg，可食率92.73%，品质上等；9月下旬成熟。此品种最适于晒制干枣，出干率在60%以上，干枣肉厚而富有弹性，剥开果肉可拉出很长的金黄色糖丝，故有金丝小枣之称。不抗枣疯病是其不足之处。

4. 西峰山小枣

北京昌平区西峰山一带原产，枣果实为卵圆形，平均单果重4.47 g。果皮橙红色，薄而平滑；果肉厚，脆而多汁，味甜；鲜枣含糖31.19%，含酸0.27%，含维生素C 177.0 mg/100 g，可食率96.4%，干鲜两用，品质上等；9月下旬成熟。鲜果耐贮性较好，晒制干枣肉厚而有金丝，制干率可达60%。

5. 泡泡红大枣

北京地方品种，主要分布在房山区南尚乐一带。个较大，果皮厚而硬。果肉硬而紧密，汁液少，味甜。果实9月上旬成熟。树势强健，丰产，适应性强，抗逆性强，对土壤要求不严格，是北京地区制干的优良品种。

（四）加工品种

1. 义乌大枣

原产于浙江义乌、东阳等地。果实大，平均果重 15.4 g，大小均匀，果面不很平整。果皮较薄，赭红色，少光泽，稍有粗糙感。果肉厚，质地稍松，汁液少，鲜食味淡，适宜制作蜜枣，品质上等。白熟果生长期 95 天左右，在浙江义乌果实 8 月下旬进入白熟期。成熟期遇雨不裂果。该品种耐旱涝，要求土壤肥沃，并配植授粉品种以提高产量。

2. 宣城尖枣

原产于安徽宣城的水东。果形大，平均重 22.5 g，大小整齐。果皮红色，果面光滑，加工期采收时乳黄色，很少裂果。汁液少，甜，味淡，可食率 97%，栽植地以壤或沙壤土为好，耐旱、不耐涝，抗风性差，不抗枣疯病。果实在产地 8 月下旬进入白熟期。品质上等，素有"金丝琥珀蜜枣"之称，多用于出口，畅销国际市场。

3. 大糠枣

产于北京大兴等地。果实大，果皮稍厚，红色，果肉质软绵，汁液较少，味淡，加工蜜枣品质上好。树体较大，树势强旺，适应性强，在沙壤质、黏壤质的平原或山坡地，都能较好生长。在产地果实生长期 90～95 天，于 8 月中下旬果白熟期采摘加工蜜枣，是优良的加工枣品种。

（五）观赏品种

1. 龙爪枣

别名龙枣、龙须枣、蟠龙枣、曲枝枣。果实不适食用，然其树体矮小、树形、枝形、果形美观奇特，是难得的观赏品种，可庭院栽培或制作盆景。

2. 磨盘枣

别名葫芦枣、药葫枣，多庭院栽植用于观赏和晒制干枣。北京地区果实 9 月中下旬成熟，果实生长期 100 天左右。果形奇特美观、属枣的珍贵品种，深受观赏栽培者喜爱，最适于绿化栽培，也可盆栽。

3.胎里红

别名老来变。产于河南镇平一带，幼果为紫红色，以后渐减退，至白熟期转变为绿白色，略具红晕，随果实成熟度色泽又渐加深，至完熟期，转为红色。可制作蜜枣。在河南镇平9月上旬成熟。果生长期100天左右。该品种适应性强，早产丰产性好，因其枝、花特别是幼果均呈红色，有很高的观赏价值。

二、生态习性

（一）温度

枣树是喜温果树，在落叶果树中萌芽最晚，落叶最早。春季当气温上升到13～15℃时枣芽开始萌动；日平均温度在20℃以上时进入始花期，22～25℃达盛花期，果实生长期要求24℃以上的温度，到果实成熟期需要100天左右，温度低的地区成熟期相对推迟。当秋季气温下降到15℃时开始落叶。枣休眠期对低温的抵抗力较强，在-32.9℃的严寒条件下，仍能安全越冬。

（二）水分

枣树对土壤湿度适应范围广。在年降雨量400～600 mm的地区，均能正常生长。枣授粉受精要求一定的空气的湿度，湿度不足影响授粉受精，落花落果严重。在果实着色至采收以及晾晒过程中雨量过多，易引起裂果和烂果。与其他落叶果树相比，枣树的抗旱、耐涝能力强。

（三）光照

枣为喜光树种，生长在阳坡和光照充足地方的枣树，树体健壮，产量高，品质好。光照不足，影响花芽分化开花结果。

（四）土壤

枣树对土壤适应性强，耐旱、耐瘠薄、耐盐碱。不论沙质或黏质土壤均能生长。但以肥沃的中性沙壤土或轻质黏土为好。

三、栽培技术

（一）土肥水管理

1. 土壤管理

（1）耕翻土壤

早春和秋末耕翻枣园，疏松土壤，幼树深翻 20～30 cm，大树 30～50 cm，自树干向外由浅到深。

（2）清除杂草

除进行人工锄草外，还可推广化学除草：① 25% 敌草隆粉剂或 10% 水剂 100 倍液，在草高 30 cm 时喷布，亩用液 40 kg，有效期 60 天，可通过内吸传导作用清除多种杂草；② 50% 扑草净粉剂 400 倍液，亩用液 12 kg，有效期 30～50 天，可通过内吸作用清除双子叶杂草；③ 10% 草甘膦、20% 百草枯和 90% 茅草枯 100 倍液，在杂草高低于 15 cm 时喷布，亩用液 150 kg，可通过触杀作用清除多年生茅草和芦草等；④ 50% 西玛津粉剂或 40% 胶悬剂 400 倍液，在杂草出土前地面喷布，通过内吸传导作用杀死多种杂草。若土壤湿度较大，稀释液中添加适量展着剂效果更好。

（3）改良土壤

夏、秋两季枣园增施草木栖、沙打旺、紫穗槐等绿肥，每株 25～50 kg，改善土壤结构和理化性质。使用多元有机冲施精可防止土壤板结，节水增效，健树抗衰。

（4）保持水土

山地枣园修筑水平沟和鱼鳞坑蓄水保土，减少养分流失，实现以土蓄水，以水养树，以树保土的良性循环。平地枣园可在雨后和浇水后，用盖土、覆膜和压草等办法蓄水保墒。

2. 合理施肥

（1）基肥

春季土壤解冻后和秋季果实采收后，施人畜粪等农家肥，幼树每株 25～50 kg，大树 50～100 kg；每株若加入楝素生物复合肥 0.1 kg 效果更好。或施入硅钙镁钾复合肥、博帝森有机肥或赛众 28 肥，每株 1～2 kg。方法是在树冠外围挖环状沟或距树干 30～50 cm 处向外围挖放射沟施入，宽度 30～50 cm，深度 30～40 cm。亦可全园或树盘撒施，然后深翻 20～30 cm，将肥料施入土中，有条件的随即灌水溶解。

（2）追肥

① 4 月上中旬每株施碳酸氢铵 0.25～0.75 kg，促进枣芽萌发，新梢生长；② 5 月中下旬每株施红枣专用肥 0.25～0.5 kg，促进花芽分化，减少落花落果；③ 6 月下旬至 7 月初株施尿素 0.4～0.5 kg 和钙镁磷钾肥或"赛众 28"肥，每株 1～2 kg，促进果实膨大；④ 花后 1 月和花后 2 月各施 1 次沼肥，每次每株施沼渣 20 kg 或沼液 50 kg，加复合肥 100 kg，更有利壮果。

（3）叶面喷肥

6 月下旬幼果期和 7 月下旬膨果期，分别喷布 0.4%～0.5% 尿素、0.3% 磷酸二氢钾、2% 过磷酸钙、叶面宝 8 000 倍液。还可喷布新型的氨基酸微肥、氨基酸螯合钙和叶绿康等复合肥。叶面喷肥是通过叶片的气孔和角质层吸收养分，喷后 15 分钟至 2 小时可被吸收利用，比土壤施肥增效 3～5 倍。叶面喷肥的最适气温为 18～25℃，夏季喷肥最好在晴天无风的上午 10 点前或下午 16 点后进行，此时可避免高温使肥液浓缩而发挥肥效，但有露水和雾气的早晨也不宜喷布，以免降低浓度，影响效果。

3. 及时灌水

（1）催芽水

4 月中旬枣树发芽前灌水，促进根系生长，枣芽萌发和花器发育。

（2）促花水

5 月下旬初花期灌水，增加土壤和空气湿度，有利花粉萌发，增加坐果量。

（3）膨果水

7月上旬幼果生长期灌水，促进果实生长膨大。在干旱季节每株施PAMN保水剂120～160 g，在根系集中分布区施于20～40 cm的土层处，可有效提高土壤含水量。

（4）封冻水

于土壤封冻前浇水，可增强枣树的越冬抗寒能力。

（二）整形修剪

1. 主要树形

枣树的整形修剪，在增加枝叶量，促进坐果的同时，要注意随时整形，为丰产稳产建立牢固的树体骨架。适宜枣树采用的树形主要有以下几种。

（1）疏散分层形

主枝6～8个，分2～3层。第一层主枝3～4个，第二层主枝2～3个，第三层主枝1～2个。每主枝配备侧枝1～3个。第一、第二层间距离70～100 cm，第二、第三层间距离40～60 cm。该树形适合栽培密度较小的稀植枣园。成形快，产量高。

（2）开心形

树干上部着生3～4个主枝，主枝以50°角左右向四周伸展，不留中心干，呈开心形。每主枝的外侧着生侧枝3～4个，结果枝组均匀地分布在主侧枝的前后左右。密植、稀植枣园均适用。前期产量高。

（3）多主枝自然圆头形

有主枝6～8个，交错排列在中心干上、不重叠、不分层；主枝上着生2～3个侧枝。适用于生长势较强的品种和稀植枣园。结果早，宜丰产。

（4）扇形

主枝4～5个，分向两个相反方向生长，主枝层间距1 m左右。早期产量高，果实品质好。适于密植枣园的整形。

2. 不同年龄时期枣树的修剪

（1）幼树的修剪

枣树幼树期生长旺盛，幼树修剪应以整形为主，提高发枝力，加大生长量，迅速形成树冠。枣树成枝力弱，枝条较稀疏，不利光合产物的形成和积累，树冠形成时间长，前期产量上升缓慢，因而增加幼树期枝量是此期修剪的中心任务，对于骨干枝上萌发的 1～2 年生枣头，据空间大小对枣头一次枝和二次枝摘心，培养健壮结果枝。

幼树修剪原则是轻剪为主，夏剪为主，增强树势，加速分枝，迅速形成结果能力强，逐年提高早期产量。在生长季，对于生长较旺的枝梢，根据间大小，对新梢及时摘心，抑制生长，促使形成健壮枝。尽量少疏枝，要多留枝，促使树冠的形成。开花前对当年萌发的发育枝进行摘心，以促使花芽分化和开花结果。对于多余无用芽在萌芽后应及时抹除，对于生长过旺的植株和枝，在花期环割，以提高坐果率。具体整形修剪方法如下：

树形培养：定植后当年或定植后的第二年定干，定干时间应在早春发芽前进行，定干后应将剪口下的第一个二次枝从基部剪除，以利于主干上的主芽萌发的枣头培养成中心领导枝。接下来选择 3～4 个二次枝各留 1～2 节进行短截，促其萌发枣头，培养第一层主枝。对第一层主枝以下的二次枝应全部剪除，以节约养分消耗，加速幼树的生长发育。定干高度一般为 40～80 cm。

主、侧枝的培养：枣树定干后的第二年，应选一生长直立强壮的枣头做中心领导枝，在其下部选 3～4 个方位好，角度适宜的作为第 1 层主枝，其余的可剪去。第三年，中心领导枝在 60～80 cm 高处进行短接并剪除剪口以下第一个二次枝，利用主干主芽抽生新的枣头，继续做中心领导枝。接着再选和第一层错落着生的 2～3 个二次枝粗度为，各留 2～3 个芽短截，培养第二层主枝。以后，以同样的方法培养第三层以上主枝。形成主干疏散形树冠。

结果枝组的培养：结果枝组的培养总的要求是枝组群体左右不拥挤，

个体上下之间不重叠，并均匀地分布各级主、侧枝上。随着主、侧枝的延长，以培养主枝的同样手法，促使主枝和侧枝萌生枣头。再依据空间大小，枝势强弱来决定结果枝组的大小和密。一般主、侧枝的中下部，枣头延伸空间大，可培养大型结果枝组，当枣头达到一定长度之后，及时摘心，使其下部二次枝加长加粗生长。生长势弱，达不到要求的枣头，可缓放1年进行。主、侧枝的中上部，枣头延伸空间小，为保证通风透光条件，层次清晰，应培养中型枝组。生长弱的枣头，可培养成3～4个二次枝的小型枝组，安插在大、中型枝组间。多余的枣头，应从其部剪除，以节约养分，防止互相干扰。以后随着树龄的增大，主、侧枝生长，仍按上述方法培养不同类型的结果枝组。

（2）结果初期枣树的修剪

此期树冠继续扩大，仍以营养生长为主，但产量逐年增加。这一时期修剪的目的是调节生长和结果的关系，使生长和结果兼顾，并逐渐转向以结果为主。此期修剪应以疏枝、回缩、短截和培养为主，按照"四留五不留"原则进行修剪。"四留"即外围的枣头要留；骨干枝上的枣头要留；健壮充实有发展前途的枣头要留；具有大量二次枝和枣股、结果能力强的枣头要留。"五不留"指下垂枝和衰弱枝不留，细弱的斜生枝和重叠枝不留，病虫枝和枯死枝不留，位置不当和不充实的徒长枝不留，轮生枝、交叉枝、并生枝及徒长枝不留。此期要继续培养各类结果枝组，在冠径没有达到最大之前，继续对骨干枝枣头短截，促发新枝，增加骨干枝的生长量，继续扩大树冠；当树冠已达到要求，对骨干枝的延长枝进行摘心，控制其延长生长，并适时开甲，实现全树结果。初果期还要继续培养大型、中型、小型种类结果枝组，搞好结果枝组在树冠内的合理配置。要及时进行开甲，使全树结果，做到生长结果两不误。

（3）盛果期枣树的修剪

盛果期树冠已经形成，以营养生长为主转向结果期，此期生长势减弱，枝组稳定，树冠基本稳定，结果能力达到最强。在这一阶段的后期骨干枝先端逐渐弯曲下垂，内膛枝出现枯死，结果部位开始外移。修剪的任务是通风透光，更新枝组，集中树体营养，大力促进结果，以稳定产量，增强树势，提高果实品质。修剪宜采用疏缩结合的方式，打开光路，引光入膛，培养内膛枝，防止内部枝条枯死和结果部位外移，注意结果枝组的培养和更新，延提高叶片的光合效能，长结果年限。具体修剪方法是：

间伐：对株间临时性植株和高密度栽植光照条件恶化的枣园，要采取间伐的办法打开光路，才能保证结果良好。

疏枝：随着结果负载量的增加和树树龄的增长，主、侧枝和结果枝组枝组先端下垂，再加上外围常萌生许多细小枝条，形成局部枝条过密，相互拥挤重叠，光照不良，导致枣树枝条大量死亡和衰亡。所以，在冬季或夏季修剪时，应及早疏除密大枝，保证大枝稀、小枝密，枝枝见光，内外结果，立体结果；对层间直立枝、交叉枝、重叠枝、枯死枝、徒长枝、细弱枝等，凡无位置、无利用价值者均应疏除，以打开层次，疏通光路，减少消耗。

回缩：主干回缩防止上强下弱，结果外移，产量下降；有位置的交叉枝、直立枝、徒长枝等回缩培养结果枝组；主枝、枝组回缩更新复壮，培养新主枝、枝组，集中养分供给，促使所留枝健壮生长，保证旺盛结果能力。二次枝大量死亡，骨干枝出现光秃，枣吊细弱，产量下降的树体，要进行重回缩，利用潜伏芽寿命长的特点，促其萌发成枝，提高产量。

（4）衰老枣树的修剪

老枣树随着树龄的增大，骨干枝逐渐回枯，树冠变小，生长明显变弱，枣头生长量小，枣吊短，结果能力显著下降。对这种老树需进行更新修剪，复壮树势。

回缩更新：修剪衰老枣树要注意对焦梢，残缺少枝的骨干枝，回缩更新。可采取先缩后养方法，更新程度要按有效枣股的数量多少，锯掉骨干枝总长度1/2～2/3，促其后部萌生新枣头，培养成新的骨干枝；也可采取先养后缩的方法，即在衰老骨干枝的中部或后部进行刻伤，有计划地培养1～2个健壮的新生枣头，然后回缩老的骨干枝，达到更新的目的。

调整新生枣头：骨干枝更新后，往往萌生很多枣头，如不注意调整，树冠就会很快郁蔽，枝条丛生，光照不良，影响新生骨干枝枣头的延长生长，达不到预期的目的。因此，对新生枣头必需加以调整，去弱留强，去直立留平斜，防止延长性的枣头过多地消耗营养，扰乱树形。同时，用摘心、支、拉等方法开张主枝角度，尽快利用更新枣头形成新的树冠。

3. 放任树的修剪

枣树放任树是指管理粗放，从不修剪或很少修剪而自然生长的枣树。这类树大多树冠枝条紊乱，通风透光不良，骨干枝主侧不分，从属不明，先端下垂，内部光秃，结果部位外移，花多果少，产量低、品质差。

对放任树进行修剪，要坚持"因树修剪，随枝作形"的原则，不强求树形。主要任务是疏除过密枝，打开层间距，引光入膛。对于背上枝，如有空间，将其培养成结果枝组，否则把它疏除掉，增强骨干枝延长枝的生长势，使主侧枝从属分明。对于先端已下垂的骨干枝，要适当回缩，抬高枝头角度。对于病虫枝、细弱枝、枯死枝要及时疏除。

（三）花果管理

1. 疏花疏果

以吊定果。定果时强调 1 果 1 吊，中庸树 1 果 2 吊，弱树 1 果 3 吊。也应根据实际管理水平和树体情况，果形大小等加以调节。

2. 保花保果

（1）加强肥水管理

叶面喷肥能及时补充树体急需养分，明显减少落花落果现象。花期喷微量元素硼、铁、镁、锌等也能有效提高坐果率。

（2）修剪措施

断根：断根即通过土壤深翻和深施有机肥断根，可减缓幼树、旺树营养生长。促进坐果。

抹芽：春季枣树萌芽后，对各级主侧枝、结果枝组间萌发出的新枣头。如不做延长枝和结果枝组培养，都可以从基部抹掉。这可极大节省营养生长所消耗的养分。明显促进坐果。如不及时抹除，任其生长会造成巨大营养消耗，严重落花落果。

摘心：包括一次枝、二次枝，枣吊3种方式。一次枝摘心即剪掉枣头顶端的芽。摘心后枣头停止生长。减少了幼嫩枝叶进一步发生对养分的消耗，营养集中供给二次枝及枣吊生长。有利于花芽分化及提高开花质量。摘心处理能提高坐果33%～45%，一次枝摘心后，二次枝生长明显加快，及时行二次枝摘心，能显著促进枣吊生长。早开花、早坐果，多坐果效果明显。枣吊摘心，又能明显促进开花坐果。

疏枝：对位置不当，影响通风透光，冬剪没有疏掉的枝条和春季萌发抽生的新生枝条都应及时疏除。"枝条疏散，红枣满串，枝吊拥挤，吊吊空闲"。

拉枝：对生长直立的枣头，花前及花期用绳将其拉平，会迅速减缓枝条营养生长，促进花芽分化，提早开花，提高坐果。

环剥：也称开甲、嫁树等。通过环剥，切断韧皮组织中养分运转通道。使叶片光合产物一时不能下运，集中于树冠部分，供给花及果。提高花果的营养条件，达到开花好，坐果好，成熟早，品质高的良好效果。环剥适期在盛花初期，即全树大部分结果枝已开花5～8朵，正值花质最好的"头蓬花"盛开之际。环剥过早、效果降低，越早，降低幅度越大。环割也能达到提高坐果的目的。环剥宽度，干径4～10 cm的幼树剥口宽0.3～0.5 cm，干径10 cm以上的为0.5～0.7 cm。要求深达木质部。又不伤及木质部。剥口应及时喷涂1～2次杀虫剂防治虫蛀。

（3）花期喷水

枣花授粉需要较高的空气湿度，相对湿度75%～85%，但北方枣花开放时，通常因空气干燥而造成"焦花"影响坐果。枣产区有"干旱燥风枣焦花，小雨即晴果满挂"，之说。一天中喷水时间以傍晚为好，因傍晚空湿度较高，喷水能维持较长时间高湿状态。喷水效果与当年花期干旱程度及喷水量有关，空气干旱严重，大面积、大水量喷布，坐果必然会大幅度提高。

（4）枣园放蜂、增加授粉媒介，促花坐果

一般情况下，枣花需授粉，才能结果，在花期放蜂。增加授粉媒介。可以提高坐果率。蜂群间距以小于 300 m 为宜，最大不超过 700 m。

（5）喷洒植物激素，促花坐果

枣树盛花中期末期喷洒植物激素，能明显减少落果，提高坐果率。

3. 果实采收

（1）采收时期

白熟期最适于加工蜜枣，是加工品种的采收期。 脆熟期是鲜食品种的采收适期。完熟期是干制品种的采收时期。

（2）采前准备

一般在采前先做好估产工作，然后根据产量多少和采收任务的大小，拟订采收工作计划，合理组织劳动力，准备必要的采收用具和材料；并搭设适当面积的采收棚，以便临时存放果实和分级、包装。

（3）采收方法

手采法：鲜食枣果采收时应用手采摘。采摘时注意轻拿轻放，防止出现机械伤，先摘外围果，后摘冠内果，先摘下层果再摘上层果。采收时要通过合理掌握用力大小和方位等技巧使枣果带完整的果柄。

打落法：树体过于高大或枣果用做加工时也可用打落法采收。打枣时为减少果实因跌落到地面引起破伤和拾枣用工，用杆震枝时，可在树下撑布单接枣。

机械法：枣果用做加工时也可使用机械采收。机械采收是用一个器械夹夹住树干、用振动器将其振落，下面有收集架，将振落的枣果接住，并用滚筒集中到箱子。

四、病虫害防治

（一）病害

1. 枣锈病

该病主要危害叶片，有时也侵害果实。受害叶片背面散生淡绿色小点，后渐变淡灰褐色，最后病斑变黄褐色，产生突起的夏孢子堆。在叶片正面对着夏孢子堆的地方，出现不规则的褐绿色小斑点，逐渐失去光泽变为黄褐色角斑。病菌多在病叶上越冬。6月下旬降雨后，越冬的孢子开始萌芽侵入叶片，7月中旬开始发病，8—9月病菌不断进行再侵染，受害严重叶片开始大量落叶。多雨、高湿是枣锈病发生流行的主要条件。

防治措施：① 加强栽培管理，增施有机肥，使树体生长健壮，提高树体抗病力；② 在冬季休眠期，通过合理整形修剪，使园内保持良好的通风透光条件，彻底扫除病落叶，集中烧掉，减少越冬病菌；③ 喷药防治：6月下旬，病菌开始侵入前，喷药保护，每隔 15 ～ 20 天喷 1 次，连喷 3 ～ 5 次。常用药剂有 50% 多菌灵 800 ～ 1 000 倍液、200 倍倍量式波尔多液、50% 退菌特 600 倍液、25% 粉锈宁可湿性粉剂 1 000 ～ 1 500 倍液等交替使用，效果较好。

2. 枣炭疽病

该病主要危害枣果，也能危害叶片。果实受害，最初出现褐色水渍状小斑点，扩大后，成近圆形的凹陷病斑，病斑扩大密生灰色至黑色的小粒点，引起落果，病果味苦不堪食用，叶片受害会变黄脱落。多雨时会加重发病。

防治措施：① 加强肥水管理，改良土壤，做到旱能浇，涝能排，增施有机肥，促进树体健壮生长，提高树体抗病能力；② 清洁果园：落叶后将园内所有的落叶及落果集中烧掉或深埋；③ 药剂防治：枣树萌芽前，喷 1 次 5° 石硫合剂。6月上中旬喷布 1 次 200 倍石灰倍量式波尔多液。7月中下旬和 8 月上旬各喷 1 次杀菌剂，常用药剂有 65% 代森锌 500 倍液、50% 多菌灵 800 ～ 1 000 倍液、75% 百菌清可湿性粉剂 600 倍液，200 倍石灰倍量式波尔多液等。

3. 枣疯病

该病主要危害枣树和野生酸枣树，是枣树的毁灭性病害。枣树染病后，地上部分和地下部分都表现不正常的生育状态。地上部分表现在花变叶，芽不正常发育和生长所引起的枝叶丛生，以及嫩叶黄化、卷曲呈匙状等。地下部分则主要表现在根蘖丛生。幼树发病 1 ～ 2 次就会枯死，大树染病，3 ～ 6 年逐渐干枯死亡。枣树疯病通过嫁接传染或田间叶蝉类害虫刺吸传播。

防治措施：① 铲除病株和带病的根蘖，以防传染；② 选用无病的接穗，嫁接繁育苗木；③ 选择抗病性强的品种，加强栽培管理，促进树体健壮生长；④ 防治传病媒介害虫，喷布 20% 杀虫菊酯 3 000 倍液或 10% 吡虫啉 3 000 倍液。

（二）主要虫害

1. 桃小食心虫

在我国北方地区每年发生 1 ～ 2 代。

防治措施：① 树盘培土或覆膜，在幼虫出土前，在树干四周 1 m 范围内培土并压紧，阻止幼虫出土。覆膜前，用 5% 辛硫磷颗粒剂撒施于地下，然后浅锄；② 适期用药。当卵果率达 1% ～ 2% 时，开始喷药防治。连续喷 2 ～ 3 次，每 15 天喷 1 次，常用药剂有 20% 杀灭菊酯 2 000 ～ 3 000 倍液，30% 桃小灵乳油 1 500 倍液，喷药时要仔细周到。

2. 枣尺蠖

幼虫危害枣的嫩芽，叶片及花蕾，每年发生 1 代。

防治措施：① 在冬季结合深耕土壤，捡除并杀死越冬虫蛹；② 3 月上旬在树干基部距地面 20 ～ 25 cm 处绑扎 10 cm 左右宽的薄膜阻止雌成虫上树产卵，每天早晨、晚上在树下人工捕杀成虫，或在树干周围喷布菊酯类农药，杀死孵化的小幼虫；③ 树上喷药防治，如果树下未防治彻底，仍有上树危害的，可以喷布药剂，用 25% 灭幼脲 2 000 倍液防治。

3. 枣黏虫

又名包叶虫，以幼虫危害叶片、花、果实，并将枣树小枝吐丝粘在一起把叶片卷成饺子状在其中危害，或由果柄蛀入果内蛀食果肉，造成被害果早落。该虫 1 年发生 3 代。

防治措施：① 在 9 月上旬开始在树干上绑草把，诱集幼虫在其上化蛹越冬，到冬季收集草把，烧掉或深埋；② 在冬季刮除老翘皮，以减少越冬虫源；③ 喷药防治，狠抓第一代幼虫防治，在幼虫发生期及时喷药防治，用 90% 敌百虫 1 000 倍液、20% 杀灭菊酯 3 000 倍液交替使用，效果较好。

五、周年管理历

枣的周年管理历见表 8。

表 8　北京枣周年管理历

时期	栽培管理工作	备注
1—3 月 休眠期	（1）制定全年生产管理计划 （2）新枣园的规划设计 （3）交流技术经验，培训技术人员 （4）备足农药、肥料，积肥运肥，检修农机具、药械，兴修水利 （5）整形修剪 （6）清园 （7）刨树盘 （8）病虫防治 （9）枣树栽植 （10）结合冬剪收集接穗，随收集随蜡封，随时贮藏	幼树整形，结果树修剪。因树修剪，随枝作形。调整树体结构，合理安排各类骨干枝。落头控高，疏除过密枝、细弱枝、交叉枝、重叠枝等，回缩下垂枝、冗长枝。老树回缩骨
4—5 月 萌芽、枝条生长及花芽分化期	（1）施肥灌水 （2）播种育苗 （3）嫁接 （4）根外追肥 （5）病虫防治 （6）及时抹芽、摘心、拉枝，进行夏剪 （7）发现枣疯病株，及时处理、烧毁	于 5 月初开始每隔 2 ～ 3 周喷 0.3% ～ 0.5% 尿素和 0.2% ～ 0.3% 的磷酸二氢钾以及其他微量元素。病虫防治：及时防治枣尺蠖、食芽象甲、金龟子、枣瘿蚊等害虫。可用阿维菌素乳油、苦参碱水剂、吡虫啉可湿性粉剂等杀虫剂防治

（续表）

时期	栽培管理工作	备注
6 月 开花期	（1）在盛花期对强壮树开甲 （2）花期喷水、喷肥和植物激素等，提高坐果率 （3）花期放蜂提高坐果率 （4）喷杀虫剂防治枣尺蠖、龟蜡蚧、枣黏虫、红蜘蛛等害虫。依枣桃小测报，进行地面用药或培土压茧 （5）摘心、抹芽、拉枝等 （6）苗圃地及时追施速效氮磷肥 （7）开始喷"枣铁皮净"，防治铁皮病	追施速效氮磷肥，每亩施尿素 8 ～ 10 kg，过磷酸钙 25 ～ 30 kg
7 月 小暑至大暑 幼果期	（1）追肥、除草 （2）喷杀虫剂防治桃小食心虫、龟蜡蚧壳虫、红蜘蛛、枣黏虫等。喷15% 粉锈宁乳油 1 500 ～ 2 000 倍液、180 ～ 200 倍波尔多液预防枣锈病。继续喷"枣铁皮净"，防治铁皮病 （3）夏剪 （4）深翻树盘：雨季到来前深翻树盘	夏剪：疏除无用的枣头，进行摘心、扭梢、抹芽，控制枣头生长，以节约养分促进坐果
8 月 果实发育期	（1）中耕除草、刨翻树盘 （2）追施磷、钾肥 （3）继续防治枣粘虫、桃小食心虫、铁皮病等。喷粉锈宁乳油或波尔多液防枣锈病 （4）拣拾枣桃小落果，集中处理 （5）采摘	追施磷、钾肥。每隔 2 周喷 1 次 0.3% ～ 0.5% 的尿素或 0.3% 的磷酸二氢钾。8 月份枣已进入白熟期，可人工采摘鲜枣，加工蜜枣
9 月 果实采收期	（1）按不同用途适期采收，加工，鲜食或干制 （2）施基肥：采收后，环状或沟状施农家肥，可掺入适量速效氮、磷肥，施肥后灌足水 （3）树干绑草	9 月上旬在树干周围绑草把，诱杀越冬害虫，冬季解下烧毁

（续表）

时期	栽培管理工作	备注
10月 落叶期	（1）树干涂白 （2）喷药防治大青叶蝉产卵 （3）晚熟枣采摘 （4）苗木出土与调运 （5）施基肥：上月未施完的，继续进行 （6）晾晒红枣，妥善保存，销售 （7）灌冻水 （8）秋季栽植建园	
11—12月 休眠期	（1）种子沙藏：层积处理酸枣种子， 　　为育苗打好基础 （2）全年工作总结 （3）开始冬季修剪	

柿

一、主要品种

柿子品种根据柿子在树上软熟前能否完全脱涩可分为：甜柿和涩柿。甜柿是在树上软熟前能完全脱涩，涩柿是在树上软熟前不能完全脱涩，采后必须经过人工脱涩或后熟作用，才可食用。我国多数品种为涩柿，现将适合北京种植的主要涩本砧品种介绍如下。

1. 磨盘柿

别名盖柿、盒柿、腰带柿等。树势强健，树冠半开张、圆锥形，丰产。果实极大，平均果重 250 g，最大果重 500 g。缢痕明显，位于果腰，将果肉分成上下两部分，形似磨盘。果皮橙黄色，皮厚而脆，果肉橙黄色，软后水质，汁特多，味甜，无核，易脱涩鲜食，耐贮运。10 月中下旬成熟。喜肥沃土壤，单性结实力强，生理落果少，较抗旱、抗寒。

2. 火晶柿

产于陕西关中地区，以临潼最多。树势强健，树冠自然半圆形，丰产稳产。果实扁圆形，平均果重 70 g，横断面略方。果皮橙红色，软后朱红色，艳丽美观。皮薄而韧，果肉致密，纤维少，汁中多，味浓甜，含糖量 19%～20%，无核，品质上等。在临潼 10 月上旬成熟，易软化，最易以软柿供应市场，耐贮藏。对土壤要求不严，黏土或砂砾土均能生长。较抗旱。

3. 托柿

别名莲花柿、萼子。产于河北、山东等地。树势强健，树姿开张，树冠圆头形，丰产稳产。果实短圆柱形，果顶平，十字纹稍显，果肩部有较薄而浅或不完整的缢痕。平均果重 150 g。果皮橙黄色，皮薄，肉质橙红色，汁多，味甜，品质上等。10 月中旬成熟，易脱涩脆食，也可制柿饼。

4. 眉县牛心柿

别名水柿、帽盔柿。产于陕西眉县一带。树势强健，树冠圆头形，适应性强，丰产稳产。果实方心脏形，纵沟无或浅。平均果重 180 g。果皮橙红色，肉质细软，纤维少，汁特多，味甜，含糖量 18%，无核，品质上等。在眉县 10 月中下旬成熟，易软食，也可制柿饼，但出饼率低，柿饼质优。果实不耐贮运。

5. 镜面柿

产于山东菏泽。树势强健，树姿开张，抗旱、丰产。但抗病虫力差。果实扁圆形，果顶平，横断面略方。平均果重 120 ～ 150 g。果皮橙红色，肉质松脆，汁多，味甜，无核，品质上等。在山东菏泽选出了三种熟期不同的类型：早熟的称八月黄，9 月中下旬成熟，果较大，较抗炭疽病；中熟的称二糙柿，10 月上旬成熟，含糖量高达 24% ～ 26%，品质极上；晚熟的称九月青，10 月中旬成熟。晚熟的以制柿饼为主，也可生食。制成的柿饼质细、透明、味甜、霜厚，以"曹州耿饼"驰名中外。

二、生态习性

1. 温度

柿树原产我国长江流域，喜温暖气候，在年平均气温 10 ～ 21.5℃ 的地方都可栽培，以年均温 13 ～ 19℃ 的地方最适。涩柿在冬季休眠期温度在 –16℃ 时不发生冻害，能耐短期 –20 ～ –18℃ 的低温。甜柿耐寒力比涩柿稍弱，冬季 –15℃ 时会发生冻害。要求年平均温度 13℃ 以上，生长季 17℃ 以上，果实成熟期温度低则不能在树上自然脱涩，且着色不良。

2. 水分

柿树喜欢湿润的气候条件，但耐旱力也较强。一般年降雨量在 500 ～ 700 mm 的地方，无灌溉条件，生长结果良好。但开花坐果期，发生干旱容易造成大量落花落果。雨量过多，易造成枝叶徒长，不利于花芽形成。

3. 光照

柿树为喜光树种，在光照充足的地方，生长发育好，果实品质优。甜柿生长期要求日照时数在 1 400 小时以上。果实成熟期晴朗干燥的气候，有利于糖分的积累和甜柿自然脱涩。光照不足时，有机营养积累少，枝条细而不充实，花芽分化不良，坐果率低，内膛光秃，结果部位外移，产量低，品质差。

4. 土壤

柿树对土壤要求不严格，不论是山地、丘陵、平地、河滩都能生长。但在土层深厚、地下水位在 1 m 以下、保水保肥力强、通透性好的壤土上栽培最好。土壤 pH 值的适应范围为 6 ～ 7.5。含盐量在 0.3% 以上的强盐碱地不易栽培。

三、栽培技术

（一）土肥水管理

1. 土壤管理

柿树多栽植在立地条件差的山地或荒滩，土壤瘠薄，保水保肥力差，为使柿树生长良好，必须加强土壤管理，做好水土保持工作，进行深翻、扩大树盘，结合施有机肥，改良土壤。成年树秋季深翻，深度一般40 ～ 60 cm，深翻时注意避免损伤大根。据报道，深翻扩穴能增加中、深层发根量，使单株产量明显增加。在北方干旱地区应推广，树盘下覆盖地膜或覆草，减少水分蒸发，保持土壤水分，稳定地温，增加土壤有机质，促进根系生长。

2. 施肥

柿树的需肥特点：① 柿树根系的细胞渗透压低，因此，施肥时浓度要低，最好分次少施，每次浓度应在 10 mg/kg 以下，浓度高易受害；② 柿树需氮肥和钾肥多，幼树期应偏重氮肥，促进生长，结果后注意钾肥的施用，促进果实膨大和丰产。一年中，柿树在 7 月以后对钾的吸收比氮、磷显著增多，果实近成熟时更甚，因此，前期以氮肥为主，后期增加磷、钾肥的用量，尤其注意施钾肥；③柿树需磷肥较少，施磷效果较小，适量即可。

（1）基肥

一般在采果前后结合深翻或秋耕施入。施肥方法采用条沟施、放射沟施，也可2～3年进行1次全园撒施。追肥一年进行多次。根据树势和结果情况，在枝叶停长至开花前、果实迅速生长期及果实着色前追肥。生长前期以氮肥为主，后期施磷、钾肥。

（2）根外追肥

一般在花期及生理落果期，每隔15～20天喷1次0.3%～0.5%尿素，生长后期喷0.3%～0.5%的磷酸二氢钾，也可喷0.5%～1%的硫酸钾或氯化钾。

3. 灌水

柿树需水量较多。生长期内，需水量较多的时期是新梢生长期、幼果膨大期和着色后的果实膨大期，根据土壤墒情及时灌水。土壤上冻前浇封冻水。

（二）整形修剪

1. 整形

（1）主干疏散分层形

大多数柿树品种，可以整成这种树形。柿树行间需长期间种作物时，定干高度可适当高些，一般以1.5 m以上为宜。这种树形的整形过程是：幼苗定植后，如果当年达不到定干高度时，可不进行修剪，任其自然生长；当达到定干高度并定干以后，再根据品种特性、发枝数量和长势强弱等，选留先端直立的枝条为中央领导枝，并剪去1/4～1/3。再从其他枝条中，选留长势健壮，方位和角度都比较适宜的3个枝条，作为第一层主枝，一般可不短截，但如长度过大，也可适当短截。对其余枝条，在不发生竞争，也不影响整形的前提下，应尽量予以保留，作为辅养枝用，以增加全树枝量，加大营养面积，迅速扩大树冠，为提早结果创造条件。第三年和第四年，继续培养中央领导枝，并在中央领导枝上的适宜部位，选留 2 个枝条，作为第二层主枝。第二层主枝，应与第一层主枝插空排列。第一、第二层主枝间的层间距离，应保持在 100 cm 以上，以利于保持树冠内膛的良好光照条件，为高产、稳产打好基础。第五年和第六年，除继续培养中央领导枝外，还要在中央领导枝上，选留 1～2 个枝条，作为第三层主枝，第二、第三层的层间距离，应保持在 80 cm 以上。在选留和培养主枝的同时，可在每个主枝上选留 3～4 个侧枝，第一、第二两侧枝间的距离，应保持 50～60 cm；并在主、侧枝上，根据空间大小，培养适宜的结果枝组。这样经过 7～8 年整形，便可构成坚强的树体骨架，形成圆满的树冠。选用这种树形时，要注意各骨干枝间的从属关系，并使各骨干枝长势保持相对平衡，防止上强下弱现象的发生。在土层深厚，土质较好，管理水平较高的地方，栽培层性明显，长势强旺的品种，如莲花柿、绵柿等，可采用这种树形，以充分发挥其增产潜力。

（2）自然开心形

幼苗定植后，在 80～100 cm 处定干。定植后的 2～3 年，要暂时保留直立的中心领导枝，促使各主枝向外开展延伸，扩大树冠，避免出现抱头生长的现象。对保留的中心领导枝，每年都要进行短截，一般留 30～40 cm，控制过度延伸，以防影响下部各主枝的生长。到树冠基本形成，有 3～5 个主枝时，再将中心领导枝从基部疏除。与此同时，要注意培养侧枝。每个主枝上，可选留 2～3 个侧枝，使其相互错落。适用于长势较弱，树冠开张的品种，如磨盘柿、火柿等。

（3）自然圆头形

有些分枝多、树冠开张的品种，如镜面柿、八月黄、小枣子、小面糊等，可选用自然圆头形。这种树形的特点是：干高 1.0～1.5 m，选留 3 个大主枝约呈 40° 向斜上方延伸；各主枝上再选留 2～3 个侧枝，侧枝以外再分生小侧枝，或分生结果母枝和枝组，用于结果。

2. 不同年龄树的修剪

（1）幼树期修剪

定干：定植后第一年一般不剪截定干，任其自然抽生枝条，第二年根据品种特性和枝条生长情况，选留中干和主枝。

中干和主侧枝的修剪：中干一般生长较强，为防生长过高，应剪去全长的 1/4 或 1/3，去掉壮芽。中干达第二层高度时，夏季要摘心或冬季应短截，以促发强壮分枝作第二层主枝。其主侧枝一般不短截，为平衡骨干枝的生长，对强主侧枝可剪去一部分，以减缓生长势。在其开始结果后，为促发分枝、防止结果部位外移，可选壮芽留 30 cm 左右短截。可根据具体情况适当短截部分中骨干枝以外的枝条，疏除重叠、交叉、密挤枝及内膛萌发的徒长枝，以利通风透光；短截部分中庸发育枝及弱枝，促生分枝，培养结果枝组。

（2）盛果期修剪

结果枝的修剪：柿树以壮枝结果为主，结果园枝越粗壮，抽生的结果枝数量越多，坐果数也越多，应注意保留。结果园枝密聚一起时，应进行疏剪，去弱留壮，保持一定距离。过多的结果园枝可短截，作预备枝。对过密的结果园枝，除适当疏去一部分外，还要适当短截一部分，以供来年抽生结果园枝，并防止大小年，且坐果率高，果大品质好。如果枝下有较好的发育枝或落花落果枝，可逐年向下更新缩剪。

发育枝的修剪：将内膛或大枝上着生的细弱发育枝疏去，以利通风透光，减少养分消耗；对健壮发育枝，如部位适当又有空间，可适当短截（留 20～30 cm），以促生分枝，培养枝组；生长中庸的发育枝极易转化为结果园枝，可甩放不剪。

更新枝的修剪：对于徒长更新枝除过密者适当疏除外，一般应改造利用，并有计划有目的促发更新枝。改造方法一般对其适度短截，促其抽生结果园枝。此外，对于一部分二年生枝段下部生长细弱的枝群及密挤枝、交叉枝、丛生枝、病虫枯枝要疏去，以利通风透光。

骨架枝的调整：结果盛期后的骨干枝，前端极易下垂。对于弯曲下垂的大枝，在弯曲部位常能发出生机旺盛的新枝，可缩去下垂部分，抬高角度，但不可一次回缩过多。

（3）衰老期更新修剪

树势极端衰弱，枯枝逐年增加，只开花而不坐果，产量极低时，应进行更新复壮，促其重新形成树冠，恢复树势，延长结果年限。

轮换更新：在全树各主枝中，每年选一部分大枝回缩，2～4年完成。一般可在5～7年生留枝回缩8～10 cm粗的部位锯断，先缩直立枝，后缩平生枝。

全树更新：在一年内将全树各主枝都在5～7年生部位锯除，刺缴发生新枝，夏季及时抹芽和疏枝，培养新的结果部位。

3. 夏季修剪

（1）抹芽

大枝回缩后，锯口附进常会出现丛生枝，可留1～2个进行培养，其余的全部抹除，另外粗枝弯曲处也常会产生萌芽枝，除留少数补空外，其余也全部抹除。

（2）摘心

对有利用价值的徒长枝，在已达20～30 cm时进行摘心，控制生长，促使发生二次枝，到秋天，二次枝顶端多数能形成花芽，成为结果园枝。对于更新修剪后萌发的新梢，可在适当部位摘心，促使发生二三次梢，使其早日形成树冠。

（3）花期环剥

健壮幼树或生长旺盛不易结果的柿树，开花期进行环剥，可促花芽分化，提早结果尤其是防止生理落果，提高坐果率效果非常明显。其方法是：用刀在树干或大枝上将树皮切去0.5cm宽，切口呈双丰圆错口的环形或螺旋形。

（三）花果管理

1. 保花保果

保花保果的措施。深翻改土，合理水肥；防治病虫害，保护叶片，加强营养积累；单性结实力差的品种，配置授粉树或进行人工授粉；盛花期喷 20 ～ 200 mg/L 赤霉素；花期环剥；幼果期喷 0.3% ～ 0.5% 尿素，均能减少落果，提高坐果率。

2. 疏花疏果

当花量多时，于开花前后，将部分花蕾或幼果疏除。柿树落花落果严重，疏果时期不宜太早，一般在生理落果即将结束时（花后 35 ～ 45天），先疏除病虫果、枝磨叶磨果、畸形果、迟花果及易日灼的果，保留个大、萼片大而完整的侧生和向下着生果实。留果的原则是一个结果枝留 1 ～ 2 个果，或 15 ～ 18 片叶留一个果。

3. 果实采收

采收时间应根据品种和用途而定。鲜食涩柿品种在果实由绿变黄尚未变红时即可采收，脱涩后果肉硬脆爽口，便于运输。制饼用果实在果皮黄色减退呈橘红色时采收为宜。早采含糖量低，饼质不佳，柿霜少；过晚则软烂，不易去皮。甜柿应在充分成熟、完全脱涩、果皮由黄变红、果肉尚未软化时采收。

果实采收方法有折枝法和摘果法两种。用折枝法采收，是用手、挠钩等把柿果和结果枝一并折下，再摘果实。此法折损枝条太多，影响下年产量。摘果法是用手或采摘器将柿果逐个摘下。此法不伤果，较折枝法好。

四、病虫害防治

（一）病害

1. 柿圆斑病

又称柿子杵或柿子烘。

（1）症状

此病危害柿树叶片，病斑初呈现叶为褐色小斑，边缘不明显，逐渐扩大，呈圆形，深褐色，边缘黑褐色，直径 1.5 ～ 4 mm，一般为 2 ～ 3 mm。病叶渐变红色，随后在病斑周围发生黄绿色晕环，一片叶上病斑可多达200 余个，从出现病斑到叶片变红脱落最短仅 5 ～ 7 天。生长势较弱的树叶片变红脱落较快，生长势强的树叶脱落时不变色，病叶脱落果实迅速变红变软、脱落。

（2）发生规律

圆斑病菌以成熟的子囊壳在病叶中越冬，至第二年子囊壳成熟，孢子传播受当年降雨影响，5月下旬至6月中旬为子囊孢子飞散高峰期，经叶背气孔入。潜伏50～100天。8月中旬至9月上旬开始发病，9月下旬叶片大量出现病斑，10月中旬以后渐停止发病。一年内仅有1次侵染，不发生重复侵染。当年发病早晚与5—6月降雨有密切关系，5—6月降雨偏大则当年发病早；反之则晚，柿园土壤瘠薄，施肥不足，树势衰弱时病害也较重。

（3）防治措施

① 秋末冬初清扫落叶，全面彻底、集中深埋或烧毁，压低病原菌越冬基数；② 5月中下旬柿落花后，在孢子大量飞散前喷波尔多液。保护叶片，10～15天后再喷1次。注意喷药时要均匀喷布叶背；③ 增施有机肥，对生长衰弱树要加强肥水管理，增加树势。

2. 柿角斑病

（1）症状

柿角斑病菌侵害柿树的叶片和果实蒂部。在叶上病斑开始出现时，叶正面呈黄绿色，形状不规则，叶脉变黑色。病斑颜色逐渐加深，10余天后呈浅黑色，再经5～10天，病斑中部褪为淡褐色并出现黑色小粒点。病斑自出现至定型约需30天。发生严重时，提早1个月落叶，造成大量落果，同时枝条生长不充实，越冬易冻而枯死。

（2）发生规律

角斑菌以菌丝在病叶病蒂上越冬至翌年6—7月，在一定温度条件下，产生新的分生孢子进行初次侵染。直至9月间越冬的病残体可陆续产生分生孢子。树上残留的病蒂是主要的侵染源和传播中心，在侵染循环中占有重要地位。病菌在病蒂上可留活3年以上。分生孢子借雨水传播，自叶背侵入，潜育期25～28天，当年发病的病斑上陆续地存在着分生孢子。只要条件适合，分生孢子即可连续侵入寄生。北京地区8月份开始发生，9月份大量落叶、落果，以后继续落果。发病和落叶迟早，与雨季早、晚和雨量多少有密切关系，5—8月降雨大，降雨月多，10月实部分植株全部落叶，如降雨少，并集中在5—8月，则至8月下旬开始发病，10月下旬部分树叶落光，柿果变软，影响产量。

（3）防治措施

① 清除枯叶和病蒂。早春发芽前除枯枝，摘病蒂，减少侵染源；② 5月下旬至6月上旬喷波尔多液1～2次，可收到良好效果。

3. 柿炭疽病

（1）症状

此病主要危害果实和枝条，叶片上很少发生。果实主要在近蒂处发病。在新梢上发生的病斑，多呈椭圆形，黑色或黑褐色，表面略凹陷而开裂。上面散生小点（孢子层）。病斑环绕新梢一周时，因输导组织遭受破坏，病斑上部的枝条即干枯，引起落叶。

（2）发生规律

枝条一般在6月上旬开始发病，果实发病较晚，一般在6月下旬、7月上旬或8月下旬至9月上旬，发病初期果面出现小黑点，逐渐扩大呈圆形或椭圆形，略凹陷，病斑直径约1 cm。病斑中央有黑点，其上有黑灰色的黏状物（分生孢子）着生。被害果实容易软化脱落，或发酸变质。

病菌在病枝和病果上越冬，气温在9～36℃都能活动，但以25℃最适宜此菌的繁殖和发展。当果实或枝条有伤口时更易侵入。

（3）防治方法

① 收集烧毁病枝和病果；② 选择抗性强的品种；③ 严格选择苗木和接穗，防止此病传播；④ 萌芽前喷一次5°Bè 石硫合剂；⑤ 6月以后喷波尔多液；⑥ 营养期不宜多施氮肥，防止枝叶徒长。

4. 柿白粉病

（1）症状

此病危害叶子，引起早期落叶，偶乐也危害新梢和果实。发病初期（5—6月），在叶面上出现密集的针尖大的小黑点，病斑直径1～2 cm，以后扩展县全叶，这与一般白粉病特征不同，往往不易识别。秋后在叶背出现白色粉状的菌丝及分生孢子，10月在菌丛中散生黄色至暗红色像红蜘蛛一般的小粒点，即病菌的子囊壳。以后囊壳呈黑红色。

（2）发生规律

白粉病菌以子囊壳在落叶上越冬。翌年4月上旬，柿叶展开后，从子囊壳飞散出子囊孢子落于叶背，发芽后从气孔侵入。病菌发育最适宜的温度为15～20℃，26℃以上发育几乎停止，15℃以下便产生了囊壳。

（3）防治方法

① 及早清扫落叶，集中烧毁；② 冬季深翻果园，将子囊壳埋入土中；③ 4月下旬至5月上旬喷0.2°石硫合剂，杀死发芽的孢子，预防侵染；④ 6月中旬在叶背喷1:2～5:600倍波尔多液，抑制菌丝蔓延。

5. 柿疯病

（1）症状

病树春季发芽晚，生长迟缓，叶脉黑色，枝干木质部变为黑褐色，严重的扩及韧皮部组织，枝条丛生或直立、徒长或枯枝、梢焦，结果少且果实提早变软后脱落，严重的不结果或整株死亡。

（2）防治措施

① 休眠期改良土壤，冬季修剪；② 生长期新梢生长期，盛花期喷钙、硼各1次；③ 加强检疫，预防角斑病、圆斑的发生，防止早期落叶的发生，注意防治媒介昆虫斑衣蜡蝉、血斑叶蝉；④ 轻病时可在主干基部钻孔，深达主干直径2/3，成年树每株注射1 000 mg/kg春雷霉素2～5 L，病重时及时挖除。

（二）虫害

1. 柿绵介壳虫

（1）症状

柿绵介壳虫又名柿毛囊蚧、柿粉蚧，俗称"斑""树虱子"（图4）。以若虫和成虫危害柿果、嫩叶和叶片，受害严重的果实早期变黄，软腐脱落，甚至绝产；枝条受害后可使1～2年生枝死亡；主干受害可形成"爆皮"，即粗皮层翘起，对树势影响极大。

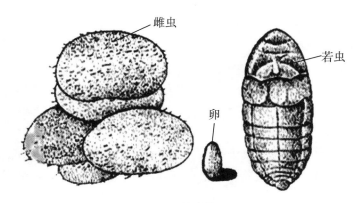

图4 柿棉蚧

（2）发生规律及习性

此虫在北京地区1年发生5代，各代发生不整齐，基本每月发生1代，各代若虫发生期为第一代6月上旬至7月上旬；第二代7月中旬至8月中旬至9月上旬；第四代为9月下旬至10月下旬；越冬代若虫10月下旬孵化，11月初开始越冬。

（3）防治措施

应抓紧前期冬代出蛰及第一代若虫孵化期的防治。① 早春刮树皮，每年2月中旬以后，对主干老翘皮要彻底刮除，同时在柿树发芽前，即3月底至4月初，全树喷3°～5°石硫合剂或5%柴油乳剂，消灭越冬若虫；② 4月下至5月上若虫出蛰高峰期喷布40%氧化乐果1 500倍液，50%敌敌畏1 000倍液，40%水胺硫磷2 000倍液，50%对硫磷1 500～2 000倍液或0.5°～0.8°石硫合剂，均能收到良好效果；③ 6月中旬第一代若虫孵化高峰期，进行树上药剂防治，用药同前；④ 主干纵刻涂内吸剂。各代若虫发生高峰期均可应用。方法是在主干1 m高处刮除粗皮宽30 cm，间隔3 cm划纵刻深达木质部；之后涂药，配比是柴油：氧化乐果＝1:（10～20），涂第一次后稍干再涂1次，用塑料布扎涂待1周后取下。此方法对披蜡的虫体仍有较好防治作用，同时可保护天敌。

2. 柿蒂虫

（1）危害症状

柿蒂虫（图 5）又叫柿实虫、柿食蛾等。此虫以幼虫蛀食柿蒂，第一代危害后柿果变褐，多不脱落；第二代受害后，果实提前脱落，造成严重减产。

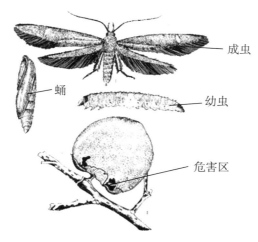

成虫

蛹

幼虫

危害区

图 5　柿蒂虫

（2）发生规律及习性

在北京地区一年发生 2 代，第一代幼虫 5 月下旬开始害果。幼虫孵化后先吐丝将果柄、柿蒂缠住，不让柿果落地，将果柄吃成环状或果柄皮下钻入果心，粪便排于果外。一个幼虫能连续危害柿果 5 ～ 6 个。6 月下旬至 7 月上旬幼虫老熟，一部分在被害果内，一部分在树皮下结茧化蛹。在被害果内作茧的，羽化孔从外观看似白线头，极易识别；在君迁子上化蛹的羽化孔多在萼片下。第一代若虫羽化盛期在 7 月中旬左右。成虫发生期近两个月，第一代幼虫危害期在 8 月上旬至 9 月下旬，8 月下旬以后幼虫陆续老熟。第二代幼虫从柿蒂蛀入果内危害，被害果由绿变黄、变红，大量脱落。

（3）防治措施

① 早春刮树皮：2 月中旬以后对树干、主枝的老翘皮彻底刮除，结合堵树洞、培土堆，压低越冬基数。堵树洞要求用黄土：石灰 = 3：1；培

土堆要求在树干根基方圆 60 cm 地面培土高约 20 cm，土堆可于 6 月中旬以后去除，在以上措施基础上，全树喷布 1605 乳油 1 000 倍液，减少越冬虫量；②树上喷药：在 5 月中下旬、7 月下旬至 8 月上旬幼虫发生高峰期，各喷药两次，每次药间隔 10～15 天。发生量大时可考虑每代幼虫发生期喷药 3 次，用药剂为 20% 菊马乳油 2 500 倍液；20% 灭扫利 2 500～3 000 倍液；50% 1605 乳油 1 000～1 500 倍液，着重喷果实、果梗、柿蒂；③人工摘除虫果 从 6 月中旬至 7 月中旬，8 月中旬至 9 月上旬。每 3 天人工采摘虫果 1 次，深埋，压低虫量。7 月中下旬至 8 月上旬（具体时间以测报为准），一般发生期较长，又是雨季，以打 2 次药为宜，并在药中加入 0.1%～0.2% 107 胶或农用展着剂，抗雨水冲刷。另外，利用越冬代幼虫喜在幼果内化蛹的习性，在 6 月 20 日至 7 月 10 日期间，摘除树上僵果并深埋，可以大量压低第一代发生量；④8 月中下旬树干扎草绳诱杀越冬幼虫，冬季取下烧毁。

3. 秋千毛虫

（1）危害症状

秋千毛虫俗称柿毛虫（图 6），又名舞毒蛾。主要危害柿、杨树、苹果、桃、杏、梅、柑橘、核桃、栗、柳、栎、落地松等。严重发生时，可将全株叶片吃光，影响树体正常生长。

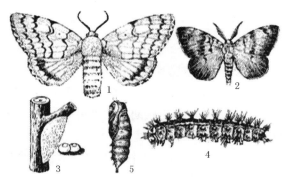

1.雌成虫；2.雄成虫；3.卵块及卵；4.幼虫；5.蛹

图 6　柿毛虫（舞毒蛾）

（2）发生规律及习性

每年发生1代，以卵块在树干背阴面及梯田石缝中赵冬，翌年3月底至4月上开始孵化。3龄以后幼虫白天多下树潜伏。5月中旬幼虫进入4龄后，取食量增大，称"暴食期"，严重的几天内可将叶片全部吃光。雌虫一生共7龄，雄虫6龄，6月中旬开始化蛹，6月底至7月初成虫羽化。

（3）防治方法

① 收集卵块：从12月份以后至3月中旬以前，人工收集卵块，集中深埋或烧毁，可以保护天敌；② 树干涂药：3月底至4月初，幼虫初卵期，使用柴油或水与菊脂类农药，在树主干1 m左右便于操作的部位，喷15～20 cm的带环，阻隔上、下树的幼虫。一般虫龄越低效果越好，但要注意清除树上卵块，山区要注意"搭桥树"的防治；③ 树上喷药：幼虫大量上树危害时，可全株喷布50%辛硫磷1 000～1 500倍液；50%敌敌畏1 000倍液；速灭丁3 000倍液，触杀幼虫；④ 成虫羽化盛期，用黑光灯诱杀成虫。

4. 柿斑叶蝉

（1）症状

柿斑叶蝉又名柿血斑小叶蝉，柿水浮尘子，血斑浮尘子以成虫。若虫在柿、枣、桃、李、葡萄、桑的叶背面刺吸汁液，破坏叶绿素的形成。柿树受害严重时能造成早期落叶。

（2）发生规律及习性

一年发生2代，以卵在当年生枝梢皮层内越冬，越冬卵翌年4月下旬开始孵化。若虫孵化后，集中在叶背面中脉附近吸食汁液，不甚活跃，严重发生时，被害叶正面呈褪绿斑点，甚至全叶呈苍白色，提早脱落。第一代成虫产卵叶背近中脉处，成虫和老龄若虫性均活跃，成虫受惊后即起飞。

（3）防治措施

在若虫盛发期即4月中旬至5月上旬，喷施40%氧化乐果1 500倍液和50%马拉硫磷1 500倍液，效果较好。

5. 柿梢鹰夜蛾（图7）

（1）危害症状

主要以幼虫危害苗木，蚕食刚萌发的嫩芽和嫩梢，使幼苗不能正常生长。

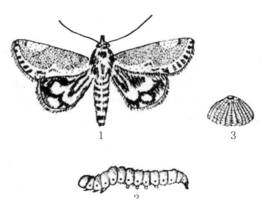

1. 成虫；2. 幼虫；3. 卵

图7　柿梢鹰夜蛾

（2）发生规律及习性

1年发生两代，5月下旬孵化后蛀入芽内或新梢顶端，叶丝将顶端嫩叶粘连，潜身在内，蚕食嫩叶。幼虫受惊后，摇头摆尾，进退迅速，非常活泼，经1个月后入土化蛹。6月下旬至7月上旬发生第二代幼虫，8月中旬以前入土化蛹开始越冬。

（3）防治方法

① 发生数量不多时，可用人工捕杀幼虫；② 发现大量幼虫危害时，可用50%敌敌畏2 000倍液喷洒。

五、周年管理历

柿树周年管理历见表9。

表9 柿树周年管理历

时间	主要生产管理内容	具体操作方法
12月	搞好果树冬季修剪	结合修剪，剪除病虫枝梢、僵果，集中烧毁
	清理果园工作	彻底清扫果园，将枯枝、落叶集中烧毁或深埋
	做好春播种子的层积处理	选一地势高燥、背阴的地方挖沟，沟深60 cm，长宽以种子多少而定。层积时沟底先铺一层湿砂，厚约10 cm，然后使种子与湿沙相间层积，1份种子3～5份湿沙
1—2月	继续进行冬剪和清园工作	杂草、枯叶、落叶
	挖除并清理病死植株	
	完成砧木种子层积工作	
	完成冬剪工作	
	耙糖保墒	
	防治病虫害	① 剪除刺蛾虫茧；② 焚烧树干绑草，杀灭草把中越冬的柿蒂虫幼虫；③ 树体喷布5° 石硫合剂
	检查层积种子	注意检查其温度、湿度。如果温度过高，可将覆土减薄，温度太低要加厚覆土。如果湿度过大，种子有腐烂现象，要将腐坏的种子拣出，并进行翻搅，必要时将种子取出摊晾，以减低湿度；湿度过小时可适当洒水
	做好苗圃地的施肥、撒药、和平整圃地	
	下旬对上年芽接苗剪砧	
	刮老树皮、涂白	将主干涂白。刮除老皮，用以压低柿蒂虫、柿绵介等害虫越冬基数

（续表）

时间	主要生产管理内容	具体操作方法
3 月	防治病虫害	① 对主干主枝刮粗皮，主干基部方圆 60 cm 内堆土，堆高 20 cm 左右；② 发芽前，在树干地面上环状刮粗皮，刮宽 20 cm 左右，然后涂 3 ～ 5 倍40% 乐果和 50% 甲胺磷混合液；③ 发芽前喷 5° 石硫合剂、5% 柴油乳剂；④ 发芽时，沿树干周围 0.5 ～ 0.8 m 以外土施辛硫磷
	完成空缺苗补栽工作	
	萌芽前追肥、浇水、松土、保墒	
	播种育苗	
4 月	防治病虫害	喷 0.2° 石硫合剂；喷 0.5% ～ 0.6% 石灰倍量式波尔多液或 70% 大生 1 500 倍液，剪除柿黑星病病梢、病叶、病果
	嫁接及高接换种	4 月上旬至 5 月下旬进行带木质部芽接成活率较高。嫁接成活后无论是芽接或枝接均要及时解除捆绑物，否则，捆绑处易发生缢痕而风折
	干旱时灌水	
	播种绿肥或间作	
	苗圃地进行间苗、移苗、补苗	需及时除去砧木萌发出的嫩芽，并加强松土、除草、灌溉、施肥等田间管理，待苗长至 1 m 左右便可摘心定干，并将整形带内的萌芽抹去（4 月苗能长 1 m，整形带内抹芽）
5 月	叶面喷肥	花前或初花期喷 0.2% ～ 0.4% 硼砂和 0.3% 尿素

（续表）

时间	主要生产管理内容	具体操作方法
	夏剪开始进行	对冬季剪口附近或弯弓的大枝背上等处的徒长枝，有用的进行选留，并进行摘心或剪截。控制在 30 ~ 40 cm；无用的从基部抹掉
	搞好高接树的抹芽和枝干绑护工作	
	疏花和人工授粉	
5 月	中耕除草、垒树盘、压绿肥	
	苗圃地追肥、浇水、松土、除草	苗期根系浅，不耐干旱，在春末夏初的"卡脖旱"时期或久旱不雨时，应及时浇水抗旱
	防治病虫害	喷 2.5% 敌杀死 4 000 倍液，防治柿小叶蝉，柿蒂虫；喷 1 500 倍 70% 大生 M-45，抑制白粉病、炭疽病
	叶面喷肥	结合喷药叶面喷洒 0.5% 的生物速效肥，每隔半月 1 次，直到 8 月中旬
	防治病虫害	① 除去树干基部的堆土；② 摘除树上虫果；③ 喷 2.5% 敌杀死 4 000 倍液杀死柿小叶蝉，喷 50% 辛硫磷 600 倍液 +20 号石油乳剂 120 倍液，防柿绵蚧。喷 1 : 2 ~ 5 : 600 波尔多液，防治柿圆斑病、角斑病、白粉病
6 月	夏剪继续	
	松土、保墒	
	播种夏绿肥	
	搞好苗圃地追肥、浇水、松土工作	幼苗长至一定高度后可进行摘心，促使幼苗加粗

（续表）

时间	主要生产管理内容	具体操作方法
7 月	防治病虫害	喷布 20% 灭扫利 2 500 倍液或 2.5% 敌杀死 4 000 倍液，摘除柿蒂虫危害果；② 喷波尔多液
	夏剪继续	及时抹除环割、开角后的萌芽
	追肥	柿粮间作地，继续进行"穴贮肥水"。7 月中旬后多施钾肥。可结合病虫害防治与农药混合喷布，但要注意药肥的配比。追肥时间最好选择在早、晚或阴天进行，此时可以减少叶面的蒸发，有利于叶面的充分吸收
	普遍做好树盘覆草保墒工作	覆盖厚度不得小于 10 cm
	果园浇水、中耕、除草	
	继续做好树盘压绿肥，施化肥工作	
	嫁接	嫁接成活后及时剪除砧木萌蘖，保证嫁接成活后接穗迅速生长
	苗圃地进行追肥浇水、除草，及时进行芽接	
8 月	防治病虫害	① 摘除柿蒂虫危害果；刮掉粗皮，绑草把，诱集柿蒂虫越冬幼虫；② 加强对柿绵蚧的防治
	夏剪继续	
	继续进行芽接，并及时解除绑缚物、除萌	
	果园松土、除草	中耕除草，雨季盛草季节，可采用化学除草，省工、省时，低成本，效果好

（续表）

时间	主要生产管理内容	具体操作方法
8月	苗圃地进行浇水、除草	
	树干捆绑草把	8月下旬，树干主枝以下，捆草把2道，捆绑要紧实，用以诱杀下树越冬的柿蒂虫，待进入休眠期后，取下集中烧毁，压低越冬虫口密度
	防治病虫害	摘除柿蒂虫危害果，喷辛硫磷杀灭柿蒂虫，喷波尔多液防炭疽病
9月	夏剪继续	
	叶面喷肥	叶面喷肥，9月上旬开始每10～15天喷1次0.3%生物速效肥，连喷3次，保护叶片，提高光合作用效率，推迟落叶期。喷肥时特别要注意溶液中的尿素充分溶解，浓度均匀，否则容易发生肥害烧毁叶片
	吊枝	吊枝，保护树体。柿树枝条硬而脆，结果多的树，一般可采取吊枝的方法，以免折伤枝干。吊枝时期，以枝条将要下垂时为适期
	果实采收前多施基肥并浇水	对晚熟品种可在采收前追施钾肥和施基肥相结合
	中耕除草	中耕除草，雨季盛草季节，可采用化学除草，省工、省时，低成本，效果好
	安排播种秋绿肥	
	苗圃地检查补接未成活植株，继续解栓、除萌	
10月	防治病虫害	喷50%辛硫磷+20号柴油乳剂120倍液

（续表）

时间	主要生产管理内容	具体操作方法
10 月	注意适时采收	柿子采收期因用途不同而异。如作硬柿用则采收较早而软柿较晚
	清园	将枯枝、落叶、杂草等清除出果园并集中烧毁或深埋
	采后进行秋耕	秋耕树行，消灭杂草，以利秋季保水、保墒，深翻深度 30 cm 左右，耕时要将大土块打碎
	施肥	① 果实采收后，每隔 10 ～ 15 天喷洒 0.5% 磷酸二氢钾 2 ～ 3 次；② 待秋季落叶后，应进行施基肥（绿肥、厩肥均可），平均每株 150 kg 左右
	柿果采后加工处理	果实采收后，需加工柿饼的要翻晒
	下旬灌冻水	为了保证柿树安全越冬，本月要在深翻改土和秋施基肥的基础上，全园灌足越冬水
11 月	冬剪开始	按照已定树形制定适宜的整形修剪方案。注意摘除僵果、剪除枯枝
	修整梯田	要求梯田田面里低外高，加固边埂，提高蓄水保水性能和水土保持能力
	继续清园	继续将有可能隐藏越冬病菌和虫害的枯枝、落叶、修剪残枝等清除出果园并集中烧毁或深埋
	修复树盘	深刨树盘，消灭在土壤中越冬的害虫。为了防治冻伤柿树根系，应及时回填土壤。落叶、杂草、间作物茎叶挖穴埋入柿树周围
	苗木出圃，并注意越冬假植	
	防治病虫害	清除落叶杂草，病虫果。刮除老翘皮

核　桃

一、主要品种

（一）早实核桃

1. 辽宁1号

由辽宁省经济林研究所杂交育成。坚果圆形，果基部平或圆，果顶略呈肩形。坚果重 9.4 g。核壳面较光滑，色浅。缝合线微隆起，壳厚 0.9 mm，内褶壁退化，可取整仁，出仁率 59.6%。结果早，种仁饱满。长势强，枝条粗壮，果枝率高，丰产。适应性强，耐旱、比较耐寒，抗病性强。

2. 中林5号

中国林业科学院杂交育成。坚果方圆形，壳面光滑，坚果重 13.2 g。壳厚 1.26 mm，横隔膜质，易取仁，出仁率 60%。种仁饱满色浅，品质上。树势中庸，枝条粗节间短，短果枝结果为主。雌花先开。适应性强，抗病力、抗寒力和耐旱性较强。此品种属短枝型。适宜密植栽培。丰产性强，结果多时果实变小，注意严格进行疏果和加强土肥水管理。

3. 扎343

新疆林业科学院从实生早实核桃中选育而成。坚果椭圆形，核壳面光滑。单果重 15.5 g，壳厚 1.2 mm，出仁率 52%～56%，仁色浅黄。树势旺盛，树姿半开张。雄先型。丰产、稳产，适于密植。抗病、耐旱、耐寒适应性强。加强土肥水管理，合理负载，避免早衰。

4. 香玲

由王钧毅等杂交育成。坚果卵圆形，基部平，果顶微尖。坚果重 12.2 g 左右。壳面刻沟浅。浅黄色，缝合线较窄而平，壳厚 0.9 mm，内褶壁退化，可取整仁，出仁率 65.4% 左右。种仁充实饱满，色浅黄，味香而不涩。雄先型。树势较旺，树姿较直立，分枝力较强。丰产、适应性强。

5. 元丰

由山东省果树研究所杂交育成。果实椭圆形，坚果单重 13.5 g 左右，壳面光滑，网纹浅，缝合线紧，不易开裂。壳厚 1.3 ～ 1.4 mm，取仁容易，种仁充实饱满，深黄色，味香，肉质脆，出仁率 50.9% 左右。雄先型。树势较旺，树姿开张，结果早，丰产，抗病、抗寒性较强。

（二）晚实核桃

1. 晋龙 1 号

由山西省林业科学院杂交育成。坚果近圆形，果基微凹，果顶平，坚果重 14.85 g。壳面光滑，有小麻点，缝合线窄平，结合紧密，壳厚 1.09 mm，内褶壁退化，易取整仁，出仁率 61%。种仁饱满，味香甜。雄先型。适应性强，抗病力、抗寒力和耐旱性较强。适宜在华北、西北地区栽培。

2. 礼品 2 号

由刘万生等从实生核桃园中选出。坚果长圆形，果基圆，果顶圆微尖，坚果重 13.5 g。壳面光滑，缝合线窄平，结合较紧密，壳厚 0.7 mm，内褶壁退化，极易取整仁，出仁率 67.4%。种仁饱满，色浅，风味佳。雌先型品种。树势中庸，树姿半开张，分枝力较强。适应性强，丰产抗病，适宜我国北方栽培区。

3. 清香

日本品种，现已在河北省等地大量栽培。坚果近圆锥形，坚果重 12.4 g。壳面光滑淡褐色，缝合线结合紧密。壳厚 1.0 mm，内褶壁退化，易取整仁，出仁率 53%。种仁饱满，浅黄色，风味极佳。雄先型品种。幼时生长较旺，结果后树势稳定，树姿半开张。适应性强，丰产性好。此品种抗寒、抗晚霜、抗病性均强。

二、生态习性

（一）温度

核桃属喜温果树，适宜生长的年平均温 9 ～ 16℃、极端最低温度 –32 ～ –25℃、极端最高温度 38℃以下、无霜期 150 ～ 240 天的地区。核桃幼树休眠期气温低于 –20℃时易发生冻害，成年树低于 –26℃时，枝条、雄花芽及叶芽均易受冻害。开花展叶后，如气温降到 –4 ～ –2℃，新梢冻坏，花期、幼果期，气温降到 –2 ～ –1℃时就会减产。夏季气温超过 38℃，核桃果实易出现日灼、核仁发育不良。铁核桃只适应亚热带气候，耐湿热、不耐干冷，适宜生长的温度为 12.7 ～ 16.9℃，极端最低温 –5.8℃。

（二）水分

核桃对空气湿度适应性强，能耐干燥的空气，但对土壤水分较敏感，过干过湿均不利核桃生长结果。

（三）光照

核桃喜光，适宜的光照强度为 60 000 lx，结果期的核桃树要求全年日照不少于 2 000 小时，低于 1 000 小时则核壳核仁发育不良。

（四）土壤

核桃为深根性果树，对土壤的适应性强，不论是山地、丘陵、平原都能生长。在土质疏松、土层深厚、排水良好、含钙的微碱土壤上生长最佳。适宜的 pH 值范围 6.5 ～ 7.5，土壤含盐量应在 0.25% 以下，稍微超过即会影响生长结实。

三、栽培技术

（一）土肥水管理

1.土壤管理

扩大树盘，耕翻熟化，防治水土流失。

2.施肥

结果前，年施肥量为氮肥 50 kg/m²，磷钾肥各 10 kg/m²，并增肥农家肥 5 kg/m²。结果后年施肥量为氮肥为氮肥 50 kg/m²，磷钾肥各 20 kg/m²，并增肥农家肥 5 kg/m²。随着产量的增加，适当增加施肥量。

3.灌水

一般年降水量为 600 ～ 800 mm，且分布比较均匀的地区，基本上不需要灌水。需灌水的地区灌水时间：一是在 3—4 月萌芽前后，萌芽，抽枝，展叶和开花等生长发育过程；二是开花后和花芽分化前 5 ～ 6 月份，果实速生期，其生长量约占全年生长量的 80%。到 6 月下旬，雌花芽开始分化，在硬核期（花后 6 周）前，应灌 1 次透水，以确保核仁饱满；三是采收后，10 月末至 11 月初落叶前，可结合秋季施基肥灌 1 次水。

（二）整形修剪

1.整形

晚实类型多用疏散分层形，早实核桃多用自然开心形。密植核桃园还可采用自由纺锤形和细长纺锤形。

（1）疏层分散形

定干高度 1.5 ～ 2.5 m，主枝间的距离 1 ～ 1.5 m，不能过近，基部三主枝的第一侧枝距主干 1.5 m 左右。要注意保持中心领导枝的生长优势。在一般情况下，不能轻易换头，这是不同于其他果树修剪的重要特点。

（2）自然开心形

可采用夏剪和秋剪的方法，促进较多的侧芽抽生新枝。夏剪在断枝生长即将结束时，将 50cm 以上的发育枝剪去顶部 2 ～ 3 个芽，以促进侧芽的发芽和枝条充实，增加来年的发枝数量，秋剪是在落叶前进行，剪口在中上部充实饱满的外芽上，使期逐年扩大树冠和抽生较多的发育枝。对于过密的1年生细弱枝条可适当剪去。

2. 修剪时期

核桃修剪要避开伤流期，适宜修剪时期应在采收后至叶片变黄以前。

核桃的修剪时期与一般的果树不同，在果实采取后，叶未变黄前进行，在华北地区以"白露"至"寒露"间修剪最好。这时候修剪，气温虽低，伤口愈合慢，但养分损失少。幼树因未结果，可提早修剪，在"处暑"节气即可开始，春季修剪一般在"立夏"前后进行，过晚则因枝叶过大，消耗养分过多，不利树木生长。

3. 不同年龄时期树的修剪

（1）幼树

核桃幼树生长缓慢，定植2～3年不可修剪，待有一定分枝时选留直立向上的壮枝做中心干，并在整形带内选方向好、垂直角度合适、邻近、长势相近的3个壮枝作为第1层枝。其余分枝在不影响主枝生长情况下保留，并用控制枝势的方法使之提早结果和辅养树体。栽后5年左右选留第二层主枝，以后再留第三层主枝。各层主枝要插空选留，防止上下重叠。同时要注意选留和培养侧枝。侧枝一般选用向外斜向生长的枝条，背后枝不宜做侧枝。

（2）结果树

各级骨干枝外围枝的修剪：主干疏散分层形到一定高度后，可利用三杈枝逐年落头去顶，最上层主枝代替树头。盛果初期，各主枝还继续扩大生长，仍需培养各级骨干枝，及时处理背后枝，保持枝头长势。当相邻树头相碰时，可疏剪外围，转枝换头。先端衰弱下垂时，应及早从基部疏除。

结果枝的培养和修剪：一般采用先放后缩的方法培养结果枝组，即在树冠的适当部位选健壮枝条长放，并将其周围弱枝疏除，待保留的枝条分枝后进行回缩，促使加粗并向横向扩展，增加枝量，使其结果叼结果枝组的位置应选在主侧枝的背斜侧和背上部，一般不用背后枝。培养结果枝组要大、中、小配备适当、分布均匀。每100 cm左右留1个大型结果枝组，60 cm左右留1个中型枝组，40 cm左右留1个小型枝组。盛果期大树的大、中型结果枝组多数由骨干枝上的大型辅养枝改造而成，中、小结果枝组多数由有分枝的壮枝经发育枝去强留弱、去直留平培养而成。结果枝修剪，是对影响光照、生长密挤的枝条进行回缩或疏除，对连续多年结果、长势变弱的枝组采取去弱留强、去老留新、去下垂留斜生的方法维持其健壮长势。大、中型结果枝组，要控制其长势，限制过度延伸，在下部培养预备枝，前部变弱后及时回缩，使其更新复壮。

下垂枝、徒长枝的修剪：生长旺盛的下垂枝可从基部剪除或剪去下垂枝上的强枝，以削弱生长势；生长中庸的下垂枝如有饱满花芽，可暂时保留，并改造成结果枝组；生长衰弱下垂枝可回缩，抬高角度，使之复壮；特别弱者要疏除。徒长枝应改变其生长方向、采用夏季摘心和秋季于春梢环痕处戴帽剪截方法，促发分枝，缓和生长。生长中庸的徒长枝可以用先放后缩的方法培养成结果枝组。

背后枝的修剪：核桃的背后枝，果农称之为"倒拉枝"，修剪时如果背后枝已超过原头，而且角度合适，可取而代之；若背后枝长势弱，并已形成花芽，可保留结果，逐步改为枝组；二者长势相似，应及早疏除背后枝。

延长枝的修剪：对15～30年生的盛果期树，树冠外围各组主枝顶部抽生的1年生延长枝，可在顶芽下2～3芽处进行短截，如顶部枝条不充实，可向在饱满芽处剪截，以扩大树冠和增加结果部位。

徒长枝的修剪：徒长枝大多由内膛骨干枝上的隐芽萌发形成，在生长旺盛的成年树和衰老树上发生较多，过去多从基部剪去，称为"清膛"，近年来开始利用徒长枝结果。内膛空虚部分的徒长枝，可依着生位置和长势强弱，在1/3～1/2有饱满芽处短截，剪后2～3年即可形成结果枝，增补空隙，扩大结果范围，达到立体结果的目的。

（3）衰老树

小更新：是在大枝中上部选方位好、角度好的健壮枝或徒长枝加以培养，回缩各级骨干枝，当更新枝强于原头时逐步锯除原头。结果枝组回缩，抬高角度，使其复壮。这种方法修剪量轻，树势恢复快，也不会造成产量大幅度下降。

大更新：极度衰弱出现严重焦梢的老树应进行大更新，即在骨干枝中下部有良好分枝处回缩，使之重新形成树冠。

4. 放任树的整形修剪

一般放任生长的核桃树大枝多、中心干弱，可以改造成多主枝自然开心形。选留的大枝要分布均匀，互不影响，有侧枝。大枝分期分批的疏除。大枝上的中型枝，也要进行适当的疏间或回缩，以打开层次，引光入膛，促使内膛萌生新枝。树冠外围的下垂枝、焦梢和细弱枝要在有良好分枝处回缩，抬高角度，增强树势，同时要疏除细弱枝、病虫枝、过密枝和干枯枝。被改造的核桃大树，膛内萌生的徒长枝要有计划地改造培养成结果枝组。

（三）花果管理

1. 人工授粉

核桃存在雌雄异熟的现象，花期不遇造成授粉不良，因此，人工授粉可明显提高坐果率。在雄花序散粉时采集花粉。授粉的最佳时期是雌花柱头裂开成倒八字形张开时，如果柱头干缩变色，授粉效果差。授粉方法用喷粉器或纱布袋。花粉用干淀粉或干细滑石粉稀释 10～15 倍，随配随用。

2. 人工疏雄

实践证明，人工疏雄可增产 10%～48%。因为疏除多余的雄花序可以减少树体水分和养分的消耗，将节省的水分和养分用于雌花和剩余雄花的发育，从而改善了雌花和果实的营养条件，从而提高坐果率和产量。疏雄的最佳时期是雄花开始膨大期，用手掰除或用木钩钩除雄花序。疏除 90%～95% 的雄花为宜。

3. 果实采收和处理

核桃采收适期为果皮由绿色变成黄色，部分果皮顶部出现裂纹。目前我国多以人工采收为主。国外多用机械采收，即在采前10～20天树冠喷布500～2 000 mg/kg乙烯利催熟，采收时用机械振落果实。

果实采收后，及时脱去青皮、漂白处理。脱青皮主要有堆沤和乙烯利脱皮两种方法。

堆沤脱青皮是我国传统的核桃脱皮方法，在阴凉处或室内，将采收的核桃堆成50 cm厚。上面盖10 cm厚的干草、树叶，保持堆内温湿度、促进后熟。一般经过3～5天青皮即可离壳。堆沤时切忌青皮变黑乃至腐烂时再脱皮，以免降低坚果品质。乙烯利脱皮，具体做法是将刚采回的核桃用3 000～5 000 mg/kg乙烯利浸泡30秒，再按50 cm的厚度堆积，堆上覆盖10 cm厚的秸秆，2～3天即可自然脱皮。脱青皮后应及时洗去残留在坚果面上的烂皮、泥土等污染物，然后进行漂白。漂白的方法是，将次氯酸钠（含次氯酸钠80%）溶于4～6倍的清水中，制成漂白液，将清洗过的坚果浸泡在漂白液中5～8分钟，并随时搅拌。当核壳变白时捞出，用清水冲洗摊开晾干。作种子用的坚果不能漂白，否则会影响种子出苗率。

四、病虫害防治

（一）病害

1. 核桃枝枯病

（1）症状

主要危害枝条，尤其是1～2年生枝条易受害。枝条染病先侵入顶梢嫩枝，后向下蔓延至枝条和主干。枝条皮层初呈暗灰褐色，后变成浅红褐色或深灰色，并在病部形成很多黑色小粒点，即病原菌分生孢子盘。染病枝条上的叶片逐渐变黄后脱落，湿度大时，从分生孢子盘上涌出大量黑色短柱状分生孢子，如遇湿度增高则形成长圆形黑色孢子团块，内含大量孢子。

（2）传播途径和发病条件

病原菌主要以分生孢子盘或菌丝体在枝条、树干病部越冬，翌年条件适宜时，产生的分生孢子借风雨或昆虫传播蔓延，从伤口侵入。该菌属弱性寄生菌，生长衰弱的核桃树或枝条易染病，春旱或遭冻害年份发病重。

（3）防治方法

① 加强核桃园管理，及时剪除病枝，深埋或烧毁，以减少菌源。增施有机肥，增强树势，提高抗病力；② 北方注意防寒，预防树体受冻。及时防治核桃树害虫，避免造成虫伤或其他机械伤；③ 主干发病时应及时刮除病部，并用 1% 硫酸铜或 40% 福美胂可湿性粉剂 50 倍液消毒再涂抹煤焦油保护。

2. 核桃炭疽病

（1）症状

主要危害果实。叶片、芽及嫩梢上时有发生。一般病果率 20%～40%，严重时高达 90%。果实染病先在绿色的外果皮上产生圆形至近圆形黑褐色病斑，后扩展并深入果皮，中央凹陷，内生许多黑色小点，散生或排列成轮纹状，雨后或湿度大时，黑点上溢出粉红色黏质状物，即病菌分生孢子盘和分生孢子。叶片染病产生黄褐色近圆形病斑，上生小黑粒。

（2）传播途径和发病条件

病菌以菌丝、分生孢子在病果、病叶或芽鳞中越冬，翌年产生分生孢子借风雨或昆虫传播，从伤口或自然孔口侵入，发病后产生孢子团借雨水溅射传播，进行多次再侵染。

（3）防治方法

① 注意清除病僵果、病枝叶，集中深埋或烧毁，可减少菌源；② 选用丰产抗病品种。种植新疆核桃时，株行距要适当，不可过密，保持良好通风；③ 6—7月发现病果及时摘除并喷洒 1∶2∶200 倍式波尔多液，发病重的核桃园于开花后喷洒 25% 炭特灵可湿性粉剂 500 倍液或 50% 使百克可湿性粉剂 800 倍液、50% 施保功可湿性粉剂 1 000 倍液，隔 10～15 天 1 次，连续防治 2～3 次。

3. 核桃黑斑病

又名黑腐病。核桃发病后造成幼果腐烂核早期落果，不脱落的被害果，核仁出油率低，对产量影响很大。

（1）症状

主要危害幼果和叶片，也可危害嫩枝及花器，首先在叶脉处出现圆形及多角形的小褐斑，严重时相互愈合，病斑外围有以水渍状晕圈，中央灰褐色部分有时脱落，形成穿孔。枝梢上病斑长形，褐色，稍凹陷，严重时因病斑扩展保卫枝条而使上段枯死。幼果受害时，果面发生黑色小斑点，无明显边缘，以后逐渐扩大成片变黑，并深入果肉，使整个果实连同核仁全部变黑腐烂脱落。花序受侵后，产生黑褐色水渍状病斑。

（2）发病规律

病原细菌在病枝梢的病斑中或病芽里越冬，第二年春季细菌借风雨飞溅传播到叶、果及嫩枝上危害，病菌可以侵染花序（器），因此，花粉也能传带病菌。昆虫也是传带病菌的媒介。病菌由气孔、皮孔、蜜腺及各种伤口侵入。在足够的湿度条件下，温度在 4 ～ 30℃范围内都可侵染叶片，在 5 ～ 27℃时可侵染果实。

（3）病害控制

① 清除病叶、病果，注意林地卫生：核桃采收后，脱下的果皮应与处理，结合修剪，剪除病枝梢及病果，并收拾地面落果等，集中烧毁，以减少病菌来源；② 加强管理，增强树势，提高树体抗病性：注意采收时尽量少采用棍棒敲击，减少树体伤口，在虫害严重发生的地区，特别是核桃举肢蛾发生严重的地区，应及时防治害虫；③ 药剂防治：黑斑病发生严重的核桃园，可分别在展叶（雌花出现之前）、落花后以及幼果早期各喷 1 次 1:0.5 ～ 1:200 波尔多液。此外，也可以喷 72%农用链霉素、65%代森锰锌等，可达到较好的防治效果。

4. 核桃白粉病

（1）症状

叶表面产生白粉层，引起叶片提早脱落。

（2）传播途径和发病条件

两种白粉菌均以闭囊壳在病落叶上越冬。翌春遇雨放射出子囊孢子，侵染发病后病斑产生大量分生孢子，借气流传播，进行多次再侵染，5—6月进入发病盛期，7月以后该病逐渐停滞下来。春旱年份或管理不善、树势衰弱发病重。

（3）防治方法

① 秋末清除病落叶、病枝，集中销毁；② 加强管理，合理灌水施肥，控制氮肥用量，增强树体抗性；③ 发芽前喷布1°Bé石硫合剂，减少菌源。发病初期喷洒50%可灭丹（苯菌灵）可湿性粉剂800倍液或20%三唑酮乳油1 000倍液、20%三唑酮硫磺悬浮剂1 000倍液、12.5%腈菌唑乳油或30%特富灵可湿必粉剂3 000倍液。

5. 核桃褐斑病

（1）症状

主要危害叶片和嫩梢。叶片染病表现为灰褐色圆形至不规则形病斑，后期病部生出黑色小点，即病菌分生孢子盘和分生孢子。发病重的叶片枯焦，提早落叶。嫩梢染病表现为病斑黑褐色，长椭圆形略凹陷。苗木染病常形成枯梢。

（2）传播途径和发病条件

病菌以菌丝、分生孢子在病叶或病梢上越冬，翌年6月，分生孢子借风雨传播，从叶片侵入，发病后病部又形成分生孢子进行多次再侵染，7—9月进入发病盛期，雨水多、高温高湿条件有利于该病的流行。

（3）防治方法

① 秋后注意清除病叶枯梢，集中烧毁，可减少菌源；② 开花前后各喷1次1∶2∶200倍波尔多液或50%甲基硫菌灵·硫磺悬浮剂800倍液。

6. 核桃楸毛毡病

（1）症状

又称山胡桃丛毛病、疥子、痂疤。主要危害核桃楸叶片。病斑颜色逐渐变深，多呈圆形至不规则形，痂疤状；叶背面对应处现浅黄褐色细毛丛，严重时病叶干枯脱落。

（2）传播途径和发病条件

胡桃绒毛瘿螨秋末潜入芽鳞内越冬，翌年温度适宜时潜出危害。通过潜伏在叶背面凹陷处之绒毛丛中隐蔽活动，在高温干燥条件下，繁殖较快，活动能力也较强。

（3）防治方法

① 加强管理，及时剪除有螨枝条和叶片，集中烧毁或深埋；② 药剂防治。芽萌动前，对发病较重的林木喷洒45%晶体石硫合剂30倍液及克螨特等杀螨剂。发病期，6月初至8月中下旬，每15天喷洒1次45%晶体石硫合剂300倍液或喷撒硫磺粉，共喷3～4次。

7. 核桃圆斑病

（1）症状

又称核桃灰斑病。主要危害叶片。生圆形病斑，初浅绿色，后变成褐色，最后变为灰白色，后期病斑上生出黑色小粒点，即病原菌分生孢子器。病情严重时，造成早期落叶。

（2）传播途径和发病条件

病菌以菌丝和分生孢子器在枝梢上越冬。翌年5—6月产生分生孢子，借风雨传播，引起发病，雨季进入发病盛期，降雨多且早的年份发病重。管理粗放、枝叶过密、树势衰弱易发病。

（3）防治方法

① 加强管理，防止枝叶过密，注意降低核桃园湿度，可减少侵染；② 发病初期喷洒50%可灭丹（苯菌灵）可湿性粉剂800倍液或50%甲基硫菌灵·硫磺悬浮剂900倍液。

8. 核桃根结线虫病

（1）症状

该病属线虫引起的病害，主要危害核桃苗根部幼嫩部分，严重时，苗木凋萎枯死。苗根部受害后，先在须根及根尖处形成小米或绿豆大小的瘤状物，随后侧根也出现大小不等、表面粗糙的圆形瘤状物，褐色至深褐色，瘤块内有白色粉状物即线虫雌 虫、梨形。发病轻时地上部症状不明显，重时根部根结量增多，瘤块变大，发黑，腐烂，使根量明显减少，须根不发达，影响其吸收机理，地上部叶黄枯，乃至整株死亡。

（2）传播途径及发病条件

成虫在土温 25～30℃、土壤湿度 40% 左右时，生长发育最快，幼虫一般在 10℃以下即停止活动，一年可侵染数次。感病作物连作期越长，根结线虫越多，发病越重。

（3）防治方法

① 严格进行苗木检疫，拔掉病株并烧毁。选用无线虫土壤育苗，轮作不感染此病的树种 1～2 年，避免在种过花生、芝麻、楸树的地块上育苗。深翻或浸水淹没地块约 2 个月可减轻病情；② 用溴甲烷、氯化苦或甲醛喷洒土壤或熏蒸土壤，施用 80% 二溴氯丙烷乳剂、二溴乙烷、50% 壮棉氮、克线磷、呋喃丹等农药均有一定防治效果，可采用穴施、沟施等方法。

9. 核桃腐烂病

（1）症状

主要危害枝、干。幼树主干或侧枝染病，病斑初近梭形，暗灰色水渍状稍肿起，用手按压流有泡沫状液体，病皮变褐有酒糟味，后病皮失水下凹，病斑上散生许多小黑点即病菌分生孢子器。湿度大时从小黑点上涌出橘红色胶质物，即病菌孢子角。病斑扩展致皮层纵裂流出黑水。大树主干染病初期，症状隐蔽在韧皮部，外表不易看出，当看出症状时皮下病部也扩展 20～30 cm 以上，流有黏稠状黑水，常糊在树干上。

（2）传播途径和发病条件

病菌以菌丝体或子座及分生孢子器在病部越冬。翌春核桃树液流动后，遇有适宜发病条件，产出分生孢子，分生孢子通过风雨或昆虫传播，从嫁接口、剪锯口、伤口等处侵入，病害发生后逐渐扩展，直到越冬前才停止，孢子器成熟后涌出孢子角。生长期内可发生多次侵染。4—5月是发病盛期。核桃园管理粗放、受冻害、盐碱害等发病重。

（3）防治方法

① 改良土壤，加强栽培管理，增施有机肥，合理修剪、增强树势，提高抗病力；② 早春及生长期及时刮治病斑，刮后用50%甲基硫菌灵可湿性粉剂50倍液或45%晶体石硫合剂21～30倍液、50%可灭丹可湿性粉剂800倍液消毒；③ 树干涂白防冻，冬季日照长的地区，应在冬前先刮净病斑，然后涂白涂剂防止树干受冻，预防该病发生和蔓延。

（二）虫害

1.核桃举肢蛾

核桃举肢蛾，又名核桃黑（图8）。幼虫钻入核桃果内蛀食，受害果逐渐变黑而凹陷皱缩。该虫一年发生1～2代。虫害发生时，核桃果实变黑，充满黑色虫粪，幼虫暗红色有足。

果实初期被害状

果实中期被害状

后期被害状：剥开果皮虫粪及幼虫

图8　核桃举肢蛾

防治方法：① 在采收前，即核桃举肢蛾幼虫未脱果以前，集中拾烧虫果，消灭越冬虫源；② 采用性诱剂诱捕雄成虫，减少交配，降低子代虫口密度；③ 冬季翻耕树盘，对减轻危害有很好的效果，将越冬幼虫翻于2～4 cm厚的土下，成虫即不能出土而死。一般农耕地比非农耕地虫茧少，黑果率也低；④ 5—6月挂杀虫灯诱杀成虫；⑤ 药剂防治：幼虫初孵期（一般在 6 月上旬至 7 月下旬），每 10 ～ 15 天喷每毫升含孢子量 2 亿～ 4 亿白僵菌液或青虫菌或 "7216" 杀螟杆菌（每克 100 亿孢子）1 000 倍液（阴雨天不喷，若喷后下大雨，雨后要补喷）。也可采用 40% 硫酸烟碱 800 ～ 1 000 倍液，使用时混入 0.3% 肥皂或洗衣粉可增加杀虫效果。提倡少用化学药剂。

2. 金龟子类

常见的有铜绿金龟子，暗黑金龟子等（图 9）。成虫危害期 3 月下旬至 5 月下旬，常早、晚活动，取食核桃嫩芽、嫩叶和花柄等，以核桃萌芽期危害最重。

防治方法：① 成虫发生期（3 月下旬至 5 月上旬），用堆火或黑光灯或挂频振式杀虫灯诱杀；② 利用其假死习性，每天清晨或傍晚，人工振落捕杀；③ 发生严重时，可以喷施：1% 绿色威雷 2 号微胶囊水悬剂 200 倍液；25% 灭幼脲Ⅲ号胶悬剂 1 500 倍液；烟·参碱 1 000 倍液。

图 9　金龟子成虫

3. 草履蚧壳虫

若虫喜欢在隐蔽处群集危害，尤其喜欢在嫩枝、芽等处吸食汁液（图10）。该虫1年发生1代。以卵在树冠下土块和裂缝以及烂草中越冬。一般2月上中旬开始孵化为若虫，上树危害，雄虫老熟后即下树，潜伏在土块、裂缝中化蛹。雌虫在树上继续危害到5—6月，待雄虫羽化后飞到树上交配，交配完成后雄虫死亡，雌虫下树钻入土中或裂缝以及烂草中产卵，而后逐渐干缩死亡。

图10 草履蚧壳虫

防治方法：① 若虫上树前（一般在2月上旬），在树干的基部（离地50 cm左右）将翘皮刮除（高度在20 cm左右），并在刮皮处缠上宽胶带，在胶带上涂10～15 cm宽的黏胶剂，防止若虫上树危害，树下根茎部表土喷6%的柴油乳剂；② 萌芽前树上喷3°～5°的石硫合剂；若虫上树初期，喷0.5%果圣水剂（苦参碱和烟碱为主的多种生物碱复配而成的广谱、高效杀虫杀螨剂）或1.1%烟百素乳油（烟碱、百部碱和楝素复配剂），也能收到一定效果；③ 保护好黑缘红瓢虫、暗红瓢虫等天敌。

4. 大青叶蝉

晚秋成虫产卵于树干和枝条的皮层内，造成许多新月型伤疤，致使枝条失水，抗冻及抗病力下降。1年3代。以卵在枝干的皮层下越冬，4月孵化，若虫及成虫以杂草为食。10月上旬至中旬降霜后开始产卵（图11）。

图 11　大青叶蝉危害枝条

防治方法：① 清洁果园及附近的杂草，以减少虫量；② 产卵前树干涂白；③ 10 月份霜降前喷 4.5% 高效氯氰菊脂 1 500 倍液。

5. 蚜虫

蚜虫喜欢在叶背面吸食汁液（图 12），叶上常有蜜露分泌物。1 年发生 10 多代。以卵在芽腋和树皮的裂缝处越冬。核桃萌芽时开始孵化。产生无翅胎生雌蚜，群集叶背面吸汁危害。5—6 月危害较重。5 月出现有翅蚜，迁移到其他作物或杂草上，秋季迁回，产生两性蚜，交配，产卵越冬。

图 12　蚜虫危害

防治方法：① 保护瓢虫、草蛉等天敌；② 清洁果园，萌芽前树上喷 3°～5° 的石硫合剂；③ 发生期药剂防治，药剂可选用 25% 吡虫啉可湿性粉剂 3 500 倍液，50% 抗蚜威 2 000 倍液，或用 50% 溴氰菊酯 3 000 倍液（其他药剂参考说明书使用），7～10 天 1 次，一般用药 1～2 次即可控制危害。

6. 其他害虫

其他害虫如：核桃缀叶螟、核桃舞毒蛾等，可参考核桃举肢蛾防治，量少不造成危害，可不治，利用天敌实现生态防治。若有危害，可在幼虫期见虫喷施药剂，成虫期挂杀虫灯。

五、周年管理历

核桃的周年管理历见表 10。

表 10　核桃周年管理历

时期	作业内容	技术要求
3 月萌芽前	整地、施肥、灌水	整地，秋季未施基肥的园片补施基肥，对土壤瘠薄的地块可适量补充化肥。修树盘，浇萌芽水（对干旱缺水的地块可覆盖地膜保水）
	栽植	新栽园片要做好栽植前的准备工作，如挖定植穴（80 mm 见方），苗木的准备，肥料的准备等。栽植时要严格按照技术规程操作，注意栽植后苗木的管理等
	对防寒的幼树解除防寒	
	播种	播种时床土要细，要和墒，种子要催芽
	剪砧	夏季准备芽接的播种苗要进行剪砧（冬季越冬良好的地区可不进行）
	病虫害防治	① 萌芽前喷 3°～5°Bé 石硫合剂，可有效防治核桃黑斑病、核桃腐烂病、螨类、草履蚧壳虫等病虫害的发生，对全年病虫害的防治起到至关重要的作用；② 树干涂粘胶环：在树干涂约 10 cm 宽的黏虫带，粘住并杀死树上的草履蚧壳虫小若虫。注意涂前要将树干刮平，绑上 1 块塑料布

（续表）

时期	作业内容	技术要求
4月萌芽开花展叶	修剪	萌芽前，幼树整形修剪，早实密植园树形可采用开心形（无中央领导干，四周选留 3～4 个主枝）、小冠疏层形（有中央领导干，分 2～3 层，四周均匀选留 5～7 个主枝）、变则主干形（有中央领导干，不分层，四周均匀选留 5～7 个主枝）。对已成型的幼树，整形要根据具体情况因树作形，通过拉枝缓和长势，短截增强长势，也可通过疏果来调节长势，尽量使四周和上下的树势均衡。在保证内外有足够枝量的情况下疏除过密枝，使每个枝组有充分的生长空间，每个部位有良好的通风透光条件
	枝接苗木和高接换优	苗木枝接和大树高接均用插皮舌接法，接穗要充实健壮。要做好接后的管理工作
	疏雄	雄花芽膨大期，可疏除 80%～90% 的雄花芽（中下部可多疏，上部可少疏），节约树体养分，增强树势，提高产量
	防霜冻	注意收听天气预报，在霜冻来临之前晚 24 时四周点火熏烟
	病虫害防治	① 春季是腐烂病的发病高峰，也是其防治关键时期，病斑应及早发现，及时治疗，清除病菌来源。病斑最好刮成菱形，刮口应光滑、平整，以利愈合。病斑刮除范围应超出变色坏死组织 1 cm 左右。要求做到"刮早、刮小、刮了"，刮下的病屑要集中烧毁。刮后病疤用 50% 甲基托布津可湿性粉剂 50 倍液，或 50% 退菌特可湿性粉剂 50 倍液，或用 5°Bè 石硫合剂，或用 1% 硫酸铜液进行涂抹消毒；② 人工或黑光灯或安放糖醋盆诱杀金龟子，有条件的园片应安装频振式杀虫灯；树冠喷洒忌避剂：硫酸铜 1 kg、生石灰 2～3 kg、水 160 kg；发病严重大的园片要进行药剂防治：成虫羽化盛期和产卵高峰，地面喷洒杀虫星 500～800 倍液或 1% 绿色威雷 2 号微胶囊水悬剂 200 倍液；③ 草履介壳虫发病严重的地区，树下根茎部表土喷 6% 的柴油乳剂或若虫上树初期，用 0.5% 果圣水剂（苦参碱和烟碱为主的多种生物碱复配而成的广谱、高效杀虫杀蜡剂）或用 1.1% 烟百素乳油（烟碱、百部碱和楝素复配剂），也能收到一定效果，同时要保护好黑缘红瓢虫、暗红瓢虫等天敌；④ 核桃黑斑病等病害防治：雌花开花前和幼果期喷 50% 的甲基托布津 800～1 000 倍液 1～2 次

（续表）

时期	作业内容	技术要求
5月 果实膨 大期	苗圃管理，高接 后管理	高接树除萌、放风
	施肥、灌水	根据土壤墒情，有灌溉条件的地方应普灌1次。5月中旬后可进行叶面喷肥，0.3%尿素或专用叶面微肥
	中耕除草	进行中耕除草要求"除早、除小、除了"，并保证土壤疏松透气
	夏剪	5月中旬开始夏剪，疏除过密枝，短剪旺盛发育枝（增加枝量，培养结果枝组，但对夏剪幼树的当年枝和新生二次枝一定要做好防寒），幼树枝头不短剪，继续延长生长，扩大树冠，可通过疏果来调整长势
	病虫害防治	① 核桃蚜虫的防治：核桃新梢生长期，易受蚜虫危害，严重园片应进行药剂防治，可用吡虫琳药剂防治；② 核桃举肢蛾的防治：可用性引诱剂检测举肢蛾的发生。树盘覆土防治成虫羽化出土
6月 花芽分 化和硬 核期	芽接	6月份是芽接的黄金季节。芽接采用方块芽接，接穗要随采随用，避免长距离运输，接后留1～2片复叶
	高接树管理	高接树绑支架，除土袋
	中耕除草	中耕除草，用草覆盖树盘或反压地下
	追肥	花芽分化前追肥，也可叶面喷肥
	病虫害防治	夏季进入高温、高湿的季节，是各种病虫的高发期，注意核桃举肢蛾、木撩尺蠖、刺蛾类、核桃瘤蛾、桃蛀螟、核桃小吉丁虫和核桃、揭斑病、核桃炭疽病等病害的防治。应注意检测，及时进行防治，此期主要采用灯光诱杀各种成虫和药剂防治的方法，喷药的时期要根据各种病虫害的发生发展规律抓好关键防治期进行喷药，不用高毒、高残留和国家禁用农药，尽量采用各种低毒和生物、矿物和植物源类农药，不能随意降低药品的使用浓度
7月 种仁充 实期	芽接后的管理	芽接后及时进行除萌蘖、及时解绑
	中耕除草	中耕除草（同6月）。对水源条件较差的地块，要修树盘，覆草，以便蓄雨水，保墒情
	病虫害防治	捡拾落果、采摘虫害果及时烧毁或深埋；树干绑草诱杀核桃瘤蛾；黑光灯诱杀成虫；药剂防治各种病害（同6月）

（续表）

时期	作业内容	技术要求
8月成熟前期	排水	8月雨水多，对低洼地容易积水的地方，应挖排水沟进行排水
	叶面喷肥	0.3%磷酸二氢钾1～2次，促进树体充实
9月果实采收期	适时采收，采后加工处理	果皮有绿变黄，部分青皮开裂时采收，避免过早采收。采收后及时脱青皮，一般情况果实不需漂白，只用清水冲洗干净即可。洗后及时凉晒
	修剪	采果后进行修剪，对初果和盛果期树：培养主、侧枝，调整主、侧枝数量和方向，使树势均衡；疏除过密枝，达到外不挤，内不空，使内外通风透光良好，枝组健壮，立体结果。对放任树和衰老树：剪除干枯枝、病虫枝，回缩衰老枝，使树体及时更新复壮，维持树势
	施基肥	采果后进行，以有机肥为主，在树冠外围内侧环状挖沟（穴），或放射状沟，深50 cm，每株结果大树可施腐熟鸡粪20～50 kg表土混匀施入，也可与秸秆混施，或粗肥100～200 kg肥部位每2～3年轮换1次，根据土壤条件，可适当间歇
	病虫害防治	① 结合修剪，剪除枯枝或叶片枯黄枝或落叶枝及病果集中销毁；② 注意腐烂病的秋季防治。方法同春季
10月落叶前期	修剪和施基肥。	9月未完成施肥和修剪工作的园片要继续进行，方法同前
	树干涂白防冻	
	注意大青叶蝉的防治	大青叶蝉于10月上旬至中旬霜降前后开始在核桃枝干上产卵越冬，防治上应注意：① 产卵前树干涂白；② 10月霜降前喷4.5%高效氯氰菊酯1 500倍液
11月落叶后期	秋耕	将树盘下的土壤进行深翻20～30 cm，有利于根系生长和消灭越冬虫茧
	清园	清扫枯枝、落叶，集中烧毁或沤肥
	浇防冻水	土壤上冻前浇防冻水

时期	作业内容	技术要求
12月至 翌年 2月 休眠期	幼树防寒	上冻后对幼树进行防寒。可采用埋土法或缠裹法
	继续清园	继续进行清园工作，刮除粗老树皮，清理树皮缝隙
	种子沙藏	来年育苗播种的要进行种子沙藏
	采集贮藏接穗	采集树冠外围发育枝，采后封蜡，再在山洞或地窖中湿沙埋住
	其他工作	总结1年工作，交流经验；检修农机具，准备来年的生产资料

大樱桃

一、主要品种

1. 龙冠

中国农业科学院郑州果树研究所育成。果实宽心形，平均单果重 6.8 g，果面呈宝石红色，有光泽。果肉及果汁均为紫红色，汁液多，质地较硬，酸甜适口，黏核。可溶性固形物 13% ～ 16%，耐贮运。树势强健，树姿直立，自花结实率可达 25% 以上，花芽抗冻能力强，适合在全国樱桃产区栽培。果实发育期 40 天左右，在河北昌黎地区 5 月下旬成熟。

2. 红灯

辽宁省大连市农业科学研究院育成。果实肾形，果柄短粗，果个整齐，平均单果重 9.6 g，最大果重 12 g。果皮紫红色，有光泽。果肉淡黄、肥厚，质地较硬，果汁多，酸甜适口，可溶性固形物 17.1%，品质上等。核小，半离核，较耐贮运。果实成熟期较早，在河北昌黎地区，5 月下旬成熟。树势强健，生长旺盛，枝条粗壮，萌芽率高，成枝力强，丰产性较好。该品种早熟，果个大。适宜的授粉品种有大紫、那翁、滨库等。

3. 芝罘红

原称烟台樱桃，是山东烟台农林局樱桃资源调查时发现的一自然实生种。果个大，整齐均匀，平均单果重 8.1 g，最大果重 9.5 g，果实圆球形，梗洼处缝合线有短深沟，果梗长而粗，不易与果实分离，采前落果较轻。果面鲜红，有光泽。果肉浅红色，果汁多，质地较硬，酸甜适口，可食率为 91.4%，可溶性固形物 15%，品质上。果实成熟期较早，在河北昌黎地区 6 月上旬成熟。该品种适应性强、抗病。树势健壮，枝条粗壮、直立。萌芽率高，成枝力强。进入盛果期后以短果枝结果为主，各类果枝均有较强的结果能力，丰产性较好。为异花结实，建园时需配置红灯、那翁、滨库等品种作授粉树。

4. 巨红

辽宁省大连市农业科学研究院育成。果实宽心脏形，平均单果重10.13 g。果皮浅黄色，向阳面有鲜红色晕。有光泽。果肉浅黄白色，肥厚，肉质较脆，果汁多，酸甜适口，可溶性固形物19.1%，黏核，果核中大，耐贮运。在河北昌黎地区果实6月下旬成熟。树势强健，生长旺盛，幼树期多直立生长，盛果期后，逐渐开张。萌芽率高，成枝力强，枝条粗壮。适宜的授粉品种有红灯、佳红等。

5. 雷尼

原产美国，1983年引入我国。果实大，平均单果重8 g，最大12 g，果实心脏形，果皮底色黄色，向阳面有鲜红色晕，在光照好的部位全面着红色。果肉白色，肉质较硬，甜酸适口，风味佳，可溶性固形物含量15% ~ 17%。耐贮运，抗裂果。在山东半岛6月中旬成熟。树势强健，树冠较紧凑，枝条粗壮直立，节间短，分枝力弱，以短果枝和花束状果枝结果为主。自花不实，需配置授粉树。

6. 先锋

加拿大哥伦比亚省培育的品种，1983年从美国引入我国。果实个大，平均单果重8.5 g，最大重10.8 g，果实圆球形至短心脏形，果顶平，果面鲜红色至紫红色，光泽艳丽。果皮厚而韧，果肉玫瑰红色，肉质肥厚，硬脆多汁，酸甜可口，可溶性固形物14.5%。品质佳，很少裂果。果柄短粗为该品种的突出特点，在河北昌黎地区6月中旬成熟。树势强，结果早，连续结果能力强，抗寒性强，适栽范围广，自花不实，需要配置授粉品种，其早果性、丰产性好，是目前主要推广品种之一。

7. 红艳

辽宁省大连市农业科学研究所育成。果实宽心脏形，平均果重8g，最大果重10 g，果皮底色浅黄，阳面着鲜红色，色泽艳丽，有光泽。果肉细腻，质地脆，果汁多，酸甜适口，风味浓郁，品质上等。北京地区5月下旬成熟，比红灯略晚。

树势强健，树冠半开张，萌芽率和成枝力较强，坐果率高，早期丰产性好。有一定自花结实能力（图13）。

图13　红艳樱桃

8. 早大果

乌克兰农业科学院灌溉园艺科学研究所育成。果实扁园形，大而整齐，平均单果重 11 ～ 12 g；果皮紫红色，果肉较硬，果汁红色；果核大、圆形、半离核；可溶性固形物 16% ～ 17%，口味甜酸，品质佳；果柄中等长度。果实成熟期一致，比红灯早 3 ～ 4 天，北京地区 5 月中旬成熟。

树体健壮，树势自然开张，树冠圆球形，以花束状果枝和一年生果枝结果为主，幼树成花早，早期丰产性好（图14）。

图14　早大果樱桃

9. 拉宾斯

加拿大太平洋农业与食物研究中心育成的自花结实品种。果实极大，平均单果重 11.5 g，近圆形或卵圆形。果面紫红色，具艳丽光泽，果点细。果肉肥厚多汁，质硬且脆，口味甜酸，可溶性固形物含量 16%，品质上等。成熟期比伯兰特晚 25～28 天，北京地区 6 月上中旬成熟。

树势强健，树姿开张，树冠中大，幼树生长快，半开张，新梢直立粗壮。幼树结果早，以中、长枝上的花束、花簇状果枝结果为主。连续结果能力极强，产量高而且可连续。花芽较大而饱满，开花较早，花粉量多，自交亲合，并可为同花期品种授粉。抗裂果。秋天落叶较早，枝条充实，抗寒较强。

二、生态习性

1. 温度

樱桃喜温，耐寒力弱，适合在年平均气温 10～12℃以上的地区栽培。一年中，要求日均温 10℃以上的时间在 150～200 天以上。中国樱桃在日均温 7～8℃，欧洲甜樱桃在日均温 10℃以上开始萌动，15℃以上时开花，20～25℃果实成熟。冬季低温是限制樱桃向北发展的重要因素，冬季 –20℃时易发生冻害，花蕾期气温 –5.5～1.7℃，开花期和幼果期 –2.8～–1.1℃即可受冻害。如花期气温降至 –5℃时，樱桃的雌蕊、花瓣、花萼等受冻变褐，严重时导致绝产。

2. 水分

樱桃既不抗旱，也不耐涝。适于年降水量 600～800 mm 的地区栽培。甜樱桃的需水量比酸樱桃要高一些。年周期中果实发育期对水分状况很敏感。樱桃根系呼吸的需氧量高，介于桃和苹果之间，水分过多会引起徒长，不利结果，也会发生涝害。樱桃果实发育的第三个时期，春旱时偶尔降雨，往往造成裂果。干旱不但会造成树势衰弱，更重要的是引起落果，以致大量减产。

3. 光照

樱桃是喜光树种，甜樱桃喜光最强，其次为酸樱桃和毛樱桃，中国樱桃较耐阴。在良好的光照条件下，树体健壮，果枝寿命长，花芽充实，坐果率高，着色好，品质优。

4. 土壤

樱桃对土壤的要求因种类和砧木而异。一般说。除酸樱桃能适应黏土外，其他种类樱桃则生长不良，特别是用马哈利樱桃作砧木最忌黏重土壤。酸樱桃对土壤盐渍化适应性稍强。欧洲甜樱桃要求土层厚，通气好，有机质丰富的沙质壤土和砾质壤土。土壤适宜的 pH 值为 6.0 ～ 7.5。

三、栽培技术

（一）土肥水管理

1. 土壤管理

土壤管理首先在栽植前要打好基础，在栽植后还需不断改良土壤。

扩穴深翻：方法是从定植穴的边缘开始，每年或隔年向外扩展，挖一宽约 50 cm、深 60 cm 的环状沟，直到两棵之间深翻沟相接。深翻的时间可在落叶后结合秋冬施肥进行。

中耕松土：中耕松土是樱桃生长期土壤管理的一项措施，通常在灌水后及下雨后进行。中耕松土的深度为 5 cm 左右，以防损伤粗根。

果园间作：间作物要种矮秆类，有利于提高土壤肥力的作物，间作时要留足树盘，间作时间一般 1 ～ 2 年。

树盘覆盖：将割下的杂草或作物秸秆、稻草等物在雨季之前覆盖于树下土壤表面，数量一般为每亩 2 000 ～ 3 000 kg。土质黏重的平地果园及涝洼地不提倡覆草。

2. 合理施肥

（1）基肥

以秋施为好，最佳时期为 9—10 月。要以农家肥、猪、牛厩粪等有机肥料为主，加入适量的复合肥或磷肥和已知缺少的某种元素。

（2）追肥

花前追肥：此期追肥可以追施尿素或果树专用肥，或氮、磷、钾三元复合肥等速效性含多元素的化肥。过磷酸钙和尿素每次施肥量为幼树 0.1～1 kg/株；果树专用肥或三元复合肥盛果期树每次施 1～1.5 kg/株。大树采用放射沟施肥，小树采用条沟施肥，有覆盖物的果园可用点施。

花期追肥：土壤追施速效性氮肥，或在盛花期喷施 0.3% 尿素 + 0.2% 硼砂 + 600 倍磷酸二氢钾液。

采果后追肥：樱桃采果后追施人粪尿、猪粪尿、豆饼水、复合肥等含元素的速效性肥料。

落叶期追肥：在樱桃即将落叶的前 1 周叶面喷施 5% 的尿素。

3. 灌水与排水

灌水时期和方法：灌水时期应当根据土壤墒情而定，通常包括花前水、硬核水、采后水、封冻水 4 次灌水。灌水后及时松土，还提倡作物秸秆等覆盖树盘，以利保墒。常用沟灌、穴灌，提倡采用滴灌、渗灌、微喷等节水灌溉措施。

排水：当果园出现积水时，要利用沟渠及时排水。

（二）整形修剪

1. 整形

根据栽培形式、立地条件、品种特性及管理要求的不同，樱桃树树形采用如下几种。

（1）自然开心形

定植后定干高度 50 cm，生长期选留 3～4 个不同方向生长的壮枝留为主枝，当其生长到 40～50 cm 时摘心，分生出侧枝；当年冬剪时选定主枝和侧枝留 40 cm 短截。第二年生长季每个侧枝除延长头外的枝，留 15 cm 摘心，形成果枝。第三年春季萌芽前再调整主侧枝角度。将侧枝数量不够的主枝短截。夏季通过连续摘心培养结果枝组。

（2）主干疏层形

定干高度为 65 ～ 70 cm，生长期选留第一层方向不同的 3 ～ 4 个壮枝为第一层主枝，通过摘心培养侧枝；通过冬剪选留第二、第三层主枝，层间距为 80 cm。生长季主枝摘心培养侧枝，中心干上适当位置可选留辅养枝，主、侧枝上通过短截培养枝组。树高 250 ～ 300 cm。

（3）主干纺锤形

第一年定干 60 ～ 65 cm，可发出 3 ～ 5 个发育枝，选出方向较好的 2 ～ 3 个枝做第一层主枝，中心干新梢长到 70 cm 以上时，留 50 ～ 60 cm 摘心，分枝形成第二层主枝，其余枝条留 40 ～ 50 cm 摘心，开张角度到 50°。第一年冬剪时中心干延长枝留 50 ～ 60 cm 进行短截，其余枝留 40 ～ 50 cm 短截。第二年中心干发出 3 ～ 4 个新梢，形成第三层骨干枝。主侧枝通过短截促发 2 ～ 3 个新梢，夏季新梢生长到 70 cm 时，中心干及各主枝摘心，增加枝量。中心干延长枝剪留 50 ～ 60 cm，当年发出的新枝为第四层主枝。主枝留 40 ～ 50 cm，侧生枝留 30 ～ 40 cm，背上枝留 20 cm 摘心。辅养枝也相应摘心培养结果枝组。秋季拉枝整形，主枝角度保持 50° ～ 60° 侧生枝 60° ～ 70°，辅养枝 60° ～ 70°，中心干上的第四层主枝为 70° ～ 80°。冬前时进行树体封顶，中心干剪留 60 cm，主枝留 40 ～ 50 cm，侧生枝留 30 ～ 40 cm。辅养枝轻剪，剪除 1/6 ～ 1/5。

2. 不同年龄时期修剪

（1）幼树期

樱桃幼树主要是建立牢固的骨架和培养结果枝组。定植 1 年后的幼树，适度短截以后，枝条上部的芽多萌发为长枝，中下部的芽多萌发为中短枝。除按整形要求对主枝延长枝进行适度短截、促生分枝、扩大树冠以外，对中下部的中短枝，除过密、交叉和重叠枝外，一般不疏枝，以增加枝叶量，提早结果。

（2）盛果期

樱桃进入盛果期以后，花束状短果枝逐年增多，树势逐年减弱，应对着生花束状短果枝的 2 ～ 3 年生枝段，适时进行回缩，以加强营养生长和促生新结果枝。防止结果部位外移和控制树冠高度。对生长旺盛的一年生枝，可适当进行短截，以利形成新的果枝；对长势中庸的一年生枝可不短截；对混合枝可根据花芽着生情况，在花芽前 3～4 节处短截，以便上部抽枝，下部结果。

（3）衰老期

樱桃树进入衰老期以后，应注意培养和利用徒长枝进行树冠更新。大枝更新时，其伤口往往发生流胶而不易愈合。在采果后立即疏枝，则伤口愈合快. 且不易流胶。

（三）花果管理

1. 保花保果

为提高坐果率，建园时配置授粉树，花期做好人工辅助授粉、放蜂，注意花期预防晚霜危害。人工辅助授粉从开花当天至花后 4 天，此时甜樱桃柱头接受花粉的能力最强。可进行人工点授或用喷粉器喷粉。壁蜂授粉，一般在开花前 5～7 天，在果园内放置蜂茧，每亩放 80～200 头。预防霜冻可采用早春灌水推迟花期，避开晚霜；晚霜来临时熏烟，调节果园内小气候。

2. 疏花疏果

疏花芽：樱桃萌芽时进行花前复剪，疏除多余花芽。

疏花：在开花前进行，疏除果枝上的小花蕾，疏晚花弱花。花束状果枝上保留 2～3 个饱满花蕾。

疏果：一般在生理落果后进行，疏果程度，依树势和坐果情况确定。一般花束状果枝留 3～4 个果，疏果时应先疏除小果、畸形果，保留正常果。

3. 预防裂果

预防裂果措施：① 选用抗裂果品种；② 果实生长的第三阶段树盘覆盖秸秆或地膜，稳定土壤水分；③ 果实成熟期雨水过多则要架设防雨蓬；④ 采前喷钙盐等技术措施。

4. 促进果实着色

促进着色的方法有：① 加强夏季修剪，使树体通风透光。疏除剪锯口处的萌蘖枝，对直立旺长新梢拿枝或摘心；② 摘叶，果实着色期摘叶，并用橡皮筋将留下的叶片绑在一起，目的是尽可能多留叶片，又能使果实见光，果实采收后及时解绑；③ 果实采收前 10 ～ 15 天，在树冠下铺反光膜，增强光照，促进果实着色。

5. 采收

樱桃成熟期确定：通过摘取少量样品鉴定该品种的风味、大小和着色情况来确定。采摘在果实八到九成熟时开始进行。采摘根据果实成熟度分 2 ～ 3 次进行，第一、第二次按成熟情况采摘，第三次清园。

采摘方法：用拇指与食指捏住樱桃果柄，连果柄一起摘下，不可将果柄留在树上，也不可将果枝带下。盛果篮宜小，以 5 kg 装为宜，要坚固，且用纸铺好，以防碰伤果皮。高处果实采摘利用采果梯，不可上树采摘。

存放：采摘下的樱桃要存放在园中干净阴凉处，避免强光照射。在园中进行初选，将病、僵果，虫蛀果及过熟的霉烂果等剔除后运包装场进行分选包装。不宜长时间贮藏，短期贮藏宜放于气调库中，长途运输要采用 –1 ～ 1℃低温保鲜措施。

四、病虫害防治

（一）主要病害

1. 病毒病

（1）发病症状

樱桃坏死环斑病：甜樱桃老树感染该病后症状不明显，感染数年后，只是春季末展开的少数叶片上表现症状。感染该病后的前 1 ～ 2 年内表现为冲击型症状，叶面整个坏死。强毒株系侵染症状严重时，仅会残留叶脉，并且可以使幼树致死。慢性症状表现为在叶片上出现黄绿色或浅绿色环纹或带纹，环内有褐色坏死斑点，后期脱落，形成穿孔。

樱桃褪绿环斑病：侵染该病后的 1 ～ 2 年症状明显。春季形成的叶片出现黄绿色环斑或带纹。冲击型症状仅在感染当年短期内出现，慢性症状呈潜伏侵染，仅在部分幼树枝条的叶背叶脉角隅处出现深绿色小耳突。

樱桃环花叶病：叶片产生淡绿色或黄绿色不同大小的环纹、不完整环或带纹斑。幼树和老树上均会出现叶片症状，老树多集中在树冠下部和较老叶片上。

樱桃黄花叶病：在结果树上呈潜伏侵染，仅在野生樱桃实生苗和幼树上表现症状。染病叶片产生亮黄色透明组织和黄色环纹斑，叶片扭曲。

樱桃褪绿—坏死环斑病：春季未充分展开的叶片上产生褪绿环纹或坏死斑点，脱落后形成穿孔。幼树下部叶片沿着中脉与侧脉角隅处出现深绿色耳突。

樱桃环斑驳病：叶片产生淡绿色斑点和环纹斑驳。

樱桃黄斑驳病：叶片产生黄绿色或黄色线、环的斑驳。

樱桃小果病：感染该病的植株，生长季节开始时，果实发育正常，但临近采收时，病果大小仅为正常果的 1/3 ～ 1/2，颜色变淡，成熟期延后或不能正常发育成熟，糖度降低，风味不佳。叶片上的症状为叶缘轻微上卷，晚夏至初秋叶色由绿变红，首先在叶背的叶缘发生，随后迅速发展到叶脉间，而近主脉处仍然保持绿色。叶片变色首先从新梢基部开始，而后扩展到整株的叶片。在 9—10 月症状尤为明显。

（2）传播途径

病毒可以通过带毒的繁殖材料如接穗、砧木、种子、花粉等进行传播，也可以通过芽接、枝接等嫁接方式进行传播。通过花粉传播病毒是病毒病传播速度最快的方式。蚜虫、地下线虫等害虫在带毒植株和健康植株上迁移危害，也是传播病毒病的主要途径之一。樱桃小果病毒可以通过根蘖传播，还可以通过叶跳蝉和苹果粉蚧等传播。此外，观赏樱花是樱桃小果病的中间寄主，甜樱桃园附近最好不要种植樱花。

（3）防治方法

① 隔离病原和中间寄主：发现病株要铲除，以免传染。对于野生寄主也要一并铲除。观赏的樱花是小果病毒的中间寄主，在甜樱桃栽培区也不要种植；② 要防治和控制传毒媒介：一是要避免用带病毒的砧木和接穗来嫁接繁殖苗木，防止嫁接传毒。二是不要用染毒树上的花粉来进行授粉。三是不要用种子来培育实生砧，因为种子也可能带毒。四是要防治传毒的昆虫、线虫等，如苹果粉蚧、某些叶螨、各类线虫等；③ 栽植无病毒苗木：通过组织培养，利用茎尖繁殖、微体嫁接可以得到脱毒苗，要建立隔离区发展无病毒苗木，建成原原种、原种和良种圃繁殖体系，发展优质的无病毒苗木。

2. 流胶病

（1）症状

流胶病是甜樱桃枝干上的一种重要的非侵染性病害。病害发生极为普遍，发病原因复杂，规律难以掌握。染病后树势衰弱，抗旱、抗寒性减弱，影响花芽分化及产量，重者造成死树。

流胶病在不同树龄上的发病症状和发病程度明显不同，一般幼树及健壮的树发病较轻，老树及残、弱树发病较重。在主枝、主干以及当年生新梢上均可发生，以皮孔为中心发病，在树皮的伤口、皮孔、裂缝、芽基部流出无色半透明稀薄的胶质物，很黏。干后变黄褐色，质地变硬，结晶状，有的呈琥珀状胶块，有的能拉成胶状丝。果实上也常因虫蛀、雹伤流出乳白色半透明的胶质物，有的拉长成丝状。潜伏在枝干中的病菌，在适宜的条件下继续蔓延，一旦病菌侵入木质部或皮层后，形成环状病斑，造成枝干枯死。病菌侵入多年生枝干后，皮层先呈水泡状隆起，造成皮层组织分离，然后逐渐扩大并渗出胶液。病菌在枝干内继续蔓延危害，并且不断渗出胶液，使皮层逐渐木栓化，形成溃疡型病斑。

（2）传播途径

引起流胶的原因较复杂，多数人认为是一种生理性病害，但从症状表现及发病情况分析，在一定程度上已经超越了生理病害的范围。近些年报道流胶是一种真菌危害造成的。甜樱桃流胶病在整个生长季节均可以发生，与温、湿度的关系密切。春季随温度的上升和雨季的来临开始发病，且病情日趋严重。在降雨期间，发病较重，特别在连续阴雨天气，病部渗出大量的胶液。随着气温的降低和降雨量的减少，病势发展缓慢，逐渐减轻和停止。

（3）防治方法

加强栽培管理，改良土壤，抓好病虫害防治是防治流胶病的根本方法。合理修剪，增强树势，保证植株健壮生长，提高抗性。增施有机肥，改良土壤结构，增强土壤通透性，控制氮肥用量。雨季及时排水，防止园内积水。尽量避免机械性损伤、冻害、日灼伤等，修剪造成的较大伤口涂保护剂。此外，也可以用药剂防治。在施药前将坏死病部刮除，然后均匀涂抹一层药剂。在冬春季用生石灰混合液、200 倍 50% 的多菌灵、300 倍 70% 的甲基托布津或 5° 的石硫合剂均有一定的效果。在生长季节，对发病部位及时刮治，用甲紫溶液或 100 倍 50% 的多菌灵加维生素 B_6 涂抹病斑，然后用塑料薄膜包扎密封。

3. 根瘤病

（1）症状

根瘤病又名根癌病、冠瘿病、根头癌肿病等，主要发生在根茎部，主根、侧根也有发生。初生瘤乳白色，渐变浅褐至深褐色，表面粗糙不平。鲜瘤横剖面核心部坚硬为木质化，乳白色，瘤皮厚 1 ～ 2 mm，皮和核心部间有空隙，老瘤核心变褐色。有的瘤似数瘤连体。

（2）传播途径

根癌是细菌性病害，地下害虫和线虫传播，伤口侵入，苗木带菌可远距离传播。育苗地重茬发病多，前茬为甘薯的地尤其严重。严重地块病株率达 90% 以上。根癌病菌在肿瘤组织的皮层内越冬，或当肿瘤组织腐烂破裂时，病菌混入土中，土壤中的癌肿病菌亦能存活 1 年以上。由于根癌病菌的寄主范围广，土壤带菌是病害主要来源。病菌主要通过雨水和灌溉流水传播；此外，地下害虫如蝼蛄和土壤线虫等也可以传播；而苗木带菌则是病害远距离传播的主要途径。病菌通过伤口侵入寄主，虫伤、耕作时造成的机械伤、插条的剪口、嫁接口，以及其他损伤等，都可成为病菌侵入的途径。土壤湿度大，利于病菌侵染和发病；土温22℃时最适于癌肿的形成，超过30℃的土温，几乎不能形成肿瘤。土壤酸度亦与发病有关，碱性土利于发病，酸性土壤病害较少，土质黏重、地势低洼、排水不良的果园发病较重。此外，耕作管理粗放，地下害虫和土壤线虫多，以及各种机械损伤多的果园，发病较重；插条假植时伤口愈合不好的，育成的苗木发病较多。

（3）防治方法

① 严格检疫和苗木消毒：因此，建园时应避免从病区引进苗木或接穗；如苗木发现病株应彻底剔除烧毁；对可能带病的苗木和接穗，应进行消毒，可用1%的硫酸铜液浸5分钟，或用2%石灰液浸1～2分钟，苗木消毒后再定植。此外，切忌引进2年生以上老头苗，老苗移栽时多易受到病菌侵染；② 加强果园管理：适于根癌发生的中性或微碱性土壤，应增施有机肥，提高土壤酸度，改善土壤结构；土壤耕作及田间操作时应尽可能避免伤根或损伤茎蔓基部；注意防治地下害虫和土壤线虫，减少虫伤；平时注意雨后排水，降低土壤湿度。加强肥水管理增强树势，提高抗病力；③ 刮除病瘤或清除病株：发现园中有个别病株时应扒开根周围土壤，用锋利小刀将肿瘤彻底切除，直至露出无病的木质部。刮除的病残组织应集中烧毁并涂以高浓度石硫合剂或波尔多液保护伤口，以免再受感染。对无法治疗的重病株应及早拔除并彻底收拾残根，集中烧毁，移植前应挖除可能带菌的土壤，换上无病、肥沃新土后再定植。

4. 穿孔病

（1）症状

细菌性穿孔病是一种危害叶片的主要细菌性病害，同时也危害枝梢和果实。初为水渍状半透明淡褐色小病斑，后扩大成为圆形、多边形或不规则形状，为深褐色或黑褐色，周围有淡黄色晕圈的病斑，边缘发生裂纹。天气潮湿时，在病斑背面常溢出黄白色黏质状的菌脓。病斑脱落后形成穿孔或一部分与叶片相连。褐斑穿孔病的叶片初发病时，有针头大的紫色小斑点，以后扩大并相互联合成为圆形褐色病斑，直径 1 ~ 5 mm。病斑两面都能产生灰褐色霉状物，最后病斑干缩，病部脱落后形成穿孔。褐斑穿孔病也可以危害新梢和果实，新梢和果实上的病斑与叶片上的病斑类似，空气湿度大时，病部也产生灰褐色霉状物。

（2）传播途径

细菌性穿孔病的病菌主要在落叶和枝梢上越冬，春季抽梢展叶时细菌溢出，通过雨水传播，经叶片的气孔、枝条及果实的皮孔侵入。一般在 5—6 月间发病，雨季为发病盛期。春季气温高、降雨多、空气湿度大，发病早。夏季雨水多时，可造成大量晚期侵染。褐斑穿孔病一般通过子囊壳在被害叶片上越冬，5—6 月发病，8—9 月为发病高峰。病菌孢子借风雨传播，侵染叶片、新梢和果实。发病严重时，可以引起早期落叶，影响花芽分化，削弱树势，影响来年产量。发病的程度与树势、空气湿度、立地条件等有关。弱树、湿度大发病较重；反之，较轻。病菌发育的适温为 25 ~ 28℃，因此，低温多雨有利于病害的发生和流行。

（3）防治方法

冬季结合修剪，彻底清除枯枝落叶及落果，减少越冬菌源；容易积水，树势偏旺的果园要注意排水；修剪时疏除密生枝、下垂枝、拖地枝，改善通风透光条件；加强栽培管理，增施有机肥料，避免偏施氮肥，增强树势，提高抗病能力。果树发芽前，喷施 4° ~ 5°Bè 石硫合剂；对细菌性穿孔病，可在 5—6 月喷洒 60% 代森锰锌 500 倍液；对真菌性霉斑穿孔病，可用 70% 甲基托布津可湿性粉剂 1 000 倍液，或用 50% 多菌灵可湿性粉剂 800 倍液防治。发病严重的果园要以防为主，可在展叶后喷 1 ~ 2 次 70% 代森锰锌 600 倍液或 75% 百菌清 500 ~ 800 倍液。

5. 褐斑病

（1）症状

该病主要危害叶片，也危害叶柄和果实。叶片发病初期在叶片正面叶脉间产生紫色或褐色的坏死斑点，同时在斑点的背面形成粉红色霉状物，后期随着斑点的扩大，数斑联合使叶片大部分枯死。有时叶片也形成穿孔现象，造成叶片早期脱落。

（2）传播途径

甜樱桃叶斑病是由真菌引起的，一般在落叶上越冬，春季开花期间随风雨传播，侵染幼叶。病菌侵入幼叶后，有 1～2 周的潜伏期，之后出现发病症状。发病高峰在高温、多雨季节的 7—8 月。

（3）防治方法

① 加强栽培管理，增强树势，提高树体抗病能力；② 秋季彻底清除病枝、病叶，集中烧毁或深埋，减少越冬病菌数。或者在发芽前喷 3～5 度石硫合剂；③ 谢花后至采果前，喷 1～2 次 70% 代森锰锌 600 倍液或 75% 百菌清 500～600 倍液，每隔半月喷 1 次。

6. 褐腐病

（1）症状

主要危害花和果实，引起花腐和果腐（图15），也可以危害叶和枝。发病初期，先在花柱和花冠上出现斑点，以后延伸至萼片和花柄，花器渐变成褐色，直至干枯，后期病部形成一层灰褐色粉状物。从落花后 10 天幼果开始发病，果面上形成浅褐色圆形小斑点，逐渐扩大为黑褐色病斑，幼果不软腐；成熟果发病，初期在果面产生浅褐色小斑点，迅速扩大，引起全果软腐。病果少数脱落，大部分腐烂失水，干缩成褐色僵果悬挂在树上。嫩叶受害后变褐色萎蔫，枝条受害一般由病花柄、叶柄蔓延到枝条发病，病斑发生溃疡，灰褐色，边缘绿紫褐色，初期易流胶。病斑绕枝条腐烂 1 周后，枝条枯死。

图 15　樱桃褐腐病

（2）传播途径

该病是一种真菌病害，一般在僵果和枝条的病部组织上越冬，春季借助风雨和昆虫进行传播，由气孔、皮孔、伤口处侵入。花期遇阴雨天气，容易产生花腐；果实成熟期多雨，发病严重。晚秋季节容易在枝条上发生溃疡。自开花到成熟期间都能发病。

（3）防治方法

果实采收后，彻底清洁果园，将落叶、落果和树上残留的病果深埋或烧毁，同时剪除病枝及时烧掉。合理修剪，使树冠具有良好的通风透光条件。发芽前喷 1 次 3°～5°Bè 石硫合剂；生长季每隔 10～15 天喷 1 次药，共喷 4～6 次，药剂可用 70% 代森锰锌 600 倍液或 50% 甲基托布津 600～800 倍液，均可有效防治褐腐病。

7. 黑腐病

（1）症状

致病菌通过切口、裂隙和伤口入侵。黑腐病（图 16）发病果实组织坚硬、呈褐色或黑色，稍湿。病情进一步恶化，果实表面会覆盖橄榄绿色的孢子及白色的霉。病斑呈圆形或椭圆形，病斑面积通常为果实的 1/3～1/2。

图 16　樱桃黑腐病

（2）传播途径

孢子囊梗上附着大量菌丝体，孢囊梗被灰黑色的孢子囊覆盖，腐烂组织因此而呈灰色。孢子囊极易破裂，向空气中释放出大量孢子，侵染周围的果实。

（3）防治方法

黑腐病的防治首先是保持树体健壮，负载合理，不郁闭。防止裂果、冰雹伤等果实伤口，并及时喷施波尔多液保护，去除病果。果实发育期也可以喷施药剂可用70%代森锰锌600倍液或50%甲基托布津600～800倍液防治。

8. 枝干干腐病

（1）症状

樱桃枝干干腐病是一种重要的枝干病害。中国樱桃发病率较低，甜樱桃发病率高。以中国小樱桃作砧木的甜樱桃主要在嫁接部位发病，多发生在主干及主枝上。发病初期，病斑暗褐色，不规则形，病皮坚硬，常渗出茶褐色黏液，以后病部干缩凹陷，周缘开裂，表面密生小黑点。严重时引起主枝或全树死亡。

（2）传播途径

枝干干腐病也是一种真菌病害，病菌以菌丝、分生孢子器和子囊壳在病部越冬，春季恢复活动，继续侵害枝干。分生孢子器成熟后，遇雨水或空气潮湿时，涌出灰白色孢子团，孢子随风雨传播，经伤口、皮孔、死芽侵入。5—10月均可发病，春、秋干旱季节发病较多，雨季病情明显减少。

（3）防治方法

枝干干腐病的防治首先是加强栽培管理措施，增施有机肥，尽量不施或少施化肥，萌芽前灌足水，保持树势健壮。萌芽前用20%移栽灵（植物抗逆诱导剂）2 000倍液灌1次根，可增强树体抗病、抗寒力，有效控制干腐病的发生。认真检查，及时刮除病斑，并用消毒剂消毒。加强树体保护，尽量减少机械伤口、冻伤和虫伤。早春萌芽前喷5°石硫合剂，生长季节在枝干涂腐比清10倍液可有效防治枝干干腐病。

（二）主要虫害

1. 红颈天牛

（1）症状

以幼虫蛀食皮层和木质相接的部分皮层的木质，造成树干中空，输导组织被破坏。虫道弯弯曲曲塞满粪便，有的也排出大量粪便，虫量大时树干基部有大堆的粪便，排粪处也有流胶现象。削弱树势，枝干死亡，严重时造成全株死亡。果园严重被害株率可达 60% ～ 70%。

（2）发生规律及习性

红颈天牛 2 ～ 3 年完成 1 代，以幼虫在虫道内越冬，每年 6 ～ 7 月成虫出现 1 次。成虫羽化后，停留 2 ～ 3 天才钻出活动，取食补充营养并在树冠间或枝干上交配，雌雄可多次交配，交尾后 4 ～ 5 天即开始产卵，卵散产，每雌虫产卵 100 余粒，一般在地表以上 100 cm 左右的主干、主枝皮缝内产卵。老树树皮裂缝多粗糙处产卵多，受害严重，幼树和主干皮光滑的品种受害较轻。幼虫在皮层木质间蛀食，虫道弯曲纵横但很少交叉，幼虫到 3 龄以后向木质部深层蛀食，老幼虫深入木质部内层。幼虫期很长，一般 600 ～ 700 天，长者千余天。幼虫老熟后在虫道顶端作一蛹室，内壁光滑，并作羽化孔，用细木屑封住孔口。蛹期 20 ～ 25 天。6—7 月间出成虫，成虫寿命 15 ～ 30 天，卵期 8 ～ 10 天，成虫发生期可持续 30 ～ 50 天。

（3）防治方法

① 成虫大量出现时，在中午成虫活跃时人工捕杀成虫；② 用塑料薄膜密封包扎树干，基部用土压住，上部扎住口，在其内放磷化铝片 2 ～ 3 片可以熏杀皮下幼虫；③ 检查枝干上有无产卵伤口和粪便排除，如发现可用铁丝钩出虫道内虫粪，在其内塞入磷化铝片，每处一小片而后用泥封孔，可熏杀幼虫；④ 成虫发生期前，用 10 份生石灰、1 份硫磺粉、40 份水配制成涂白剂往主干和大枝上涂白，可以有效地防止产卵。

2.桑白蚧

（1）症状

其成虫、若虫、幼虫以刺吸式口器危害枝条和枝干（图17）。枝条被害生长势减弱、衰弱萎缩，严重时枝条表面布满虫体，灰白色介壳将树皮覆盖，虫体危害处稍凹陷，枝上芽子尖瘦，叶小而黄，严重树枝干衰弱枯死，整株或全园半死不活。

图 17　樱桃桑白蚧

（2）发生规律及习性

北方多发生2代以受精雌成虫在枝条上越冬，4月下旬开始产卵，5月上旬为产卵盛期。孵化盛期在5月下旬，初孵仔虫，即从雌虫壳下钻出爬行扩散，6月上旬至中旬雌雄介壳即产生区别。雌雄产配后雄虫死亡，雌虫7月发育成熟。

（3）防治方法

① 保护利用天敌。天敌种类很多，寄生性的寄生蜂10余种，捕食性的红点唇瓢虫，方头甲等多种，注意保护利用；② 抓仔虫孵化期、爬行扩散阶段喷药防治，可喷3 000倍20%杀灭菊酯或3 000倍2.5%溴氢菊酯，也可喷蜡蚧灵、速杀蚧、蚧蚜死等新混配剂型农药，每代仔虫期连喷药2次，华北多在5月下旬和8月下旬，每年早晚相差5～7天；③ 结合修剪、

刮树皮等及时剪除受害严重的枝条，用硬毛刷清除大枝上的介壳。

3. 金龟子类

（1）症状

金龟子类危害甜樱桃的主要是苹毛丽金龟子、东方金龟子和铜绿金龟子，东方金龟子又名黑绒金龟子，主要以成虫啃食樱桃的芽、幼叶、花蕾、花和嫩枝。苹毛丽金龟子幼虫啃食树体的幼根。成虫在花蕾至盛花期危害最重，危害期约1周。

（2）发生规律及习性

上述金龟子类均为1年发生一代，以成虫或老熟幼虫于土中越冬，只是其出土时期、危害盛期略有差异。苹毛丽金龟子和东方金龟子的成虫均在4月中旬出土，4月下旬至5月上旬为出土高峰，成虫危害叶片。一般多为白天危害，日落则钻入土中或树下过夜。当气温升高时成虫活动最多。金龟子类成虫均有假死习性。铜绿金龟子，除上述习性外，还具有较强的趋光性。

（3）防治方法

① 在成虫大量发生时期，利用其假死习性，在早晨或傍晚时人工震动树枝、枝干，把落到地上的成虫集中起来，进行人工捕杀；② 铜绿金龟子成虫大量发生时，利用其趋光性，架设黑光灯诱杀成虫；③ 糖醋液诱杀：用红糖5份、醋20份、白酒2份、水80份，在金龟子成虫发生期间，将配好的糖醋液装入罐头瓶内，每亩挂10～15只糖醋液瓶，诱引金龟子飞入瓶中，倒出集中杀灭；④ 水坑诱杀：在金龟子成虫发生期间，在树行间挖一个长80 cm、宽60 cm、深30 cm的坑，坑内铺上完整无漏水的塑料布，做成一个人工防渗水坑，坑内倒满清水。夜间坑里的清水光反射较为明亮，利用金龟子喜光的特性，引诱其飞入水坑中淹死。每亩地挖6～8个水坑即可。

4. 梨小食心虫

（1）症状

梨小食心虫简称"梨小"，又叫梨小蛀果蛾、东方蛀果蛾。第一至第二代幼虫钻蛀甜樱桃新梢顶端，多从嫩尖第 2～3 片叶柄基部蛀入髓部，往下蛀食至木质化部分然后转移。嫩尖凋萎下垂，很易识别。蛀孔处多流出晶莹透明的果胶，多呈条状，长约 1 cm，严重影响生长发育。

（2）发生规律及习性

华北每年发生 3～4 代，以老熟幼虫在树皮缝内结茧越冬。多数集中在根茎和主干分枝处，树下杂草、土石缝内也有越冬幼虫。有转主危害的习性，1～2 代多危害甜樱桃等核果类新梢，个别也危害苹果新梢，3～4 代多危害桃、李果实，后期集中危害梨或苹果的果实。华北第一代4—5 月，第二代 6—7 月，第三代 7—8 月，第四代 9—10 月。第一次蛀梢高峰在 4 月下旬至 5 月上旬，第二次在 6 月中下旬，第三次蛀梢在 7 月，后期多蛀果危害。成虫趋化性强，糖酯液和性诱剂对成虫诱捕力很强。

（3）防治方法

① 诱捕成虫。性诱剂诱捕效果很好，每 50～100 株设一诱捕器，每天清除成虫，诱捕器内放少量洗衣粉防成虫飞走。糖醋液（糖 5：醋20：酒 5：水 50）诱捕效果也很好；② 喷药防治幼虫。对刚蛀梢的幼虫可喷果虫灵 1 000 倍液或桃小灵 2 000 倍液可杀死刚蛀梢的幼虫；③ 成虫盛发期。当性诱捕器连续 3 天诱到成虫时即可喷药以杀死成虫和卵，可喷 2 000～3 000 倍甲氢菊酯类农药及其他菊酯类药剂。

5. 金缘吉丁虫

（1）症状

俗称串皮虫，幼虫于果树枝干皮层内、韧皮部与木质部间蛀食，被蛀部皮层组织颜色变深。随着虫龄增大深入到形成层串食，虫道迂回曲折，被害部位后期常常纵裂，枝干满布伤痕，树势衰弱。主干或侧枝若被蛀食一圈，可导致整个侧枝或全株枯死。

（2）发生规律及习性

金缘吉丁虫 1～2 年完成 1 代，每年发生的代数因地区而异。以大小不同龄期的幼虫在被害枝干的皮层下或木质部的蛀道内越冬，寄主萌芽时开始继续危害。老熟幼虫一般在 3 月开始活动，4 月开始化蛹，5 月中、下旬是成虫出现盛期。6月下旬至7月上旬为幼虫孵化盛期，幼虫孵化后，即咬破卵壳而蛀入皮层，逐渐蛀入形成层后，沿形成层取食，虫道绕枝干1周后，常造成枝干枯死。8月份以后多数幼虫蛀入木质部或在较深的虫道内越冬。

（3）防治方法

① 加强栽培管理措施。土壤贫瘠、管理粗放、树势衰弱的甜樱桃植株容易受害。因此，加强栽培管理，提高树势可以有效的抵抗金缘吉丁虫；② 休眠期刮粗翘皮，特别是主干、主枝的粗树皮，可消灭部分越冬幼虫；③ 生产实践中，及时清除死树死枝并烧掉，减少虫源；④ 成虫发生期，利用其假死性，清晨气温低时，振落捕杀成虫。或者利用黑光灯、糖醋液、性诱剂等设备诱杀成虫；⑤ 化学防治：成虫发生期可喷20%速灭杀丁2 000倍液进行防治。幼虫危害处易于识别，可用药剂涂抹被害处表皮，毒杀幼虫效果很好。

6. 舟形毛虫

（1）症状

舟形毛虫又称枇杷舟蛾、枇杷天社蛾、黑毛虫、举尾毛虫等。幼虫有群集性，先食先端叶片的背面，将叶肉吃光，而后群体分散，将叶片吃光仅剩主脉和叶柄，被害叶片呈网状。若防治不及时，常可将全树叶片吃光，轻则严重削弱树势，重则全株死亡。

（2）发生规律及习性

此虫一年发生一代，以蛹在土中越冬，于第二年7—8月羽化出成虫，7月中旬为羽化盛期。幼虫孵化后先群栖在产卵叶上危害，头皆向外整齐的排列成一排由叶边向内食叶，仅食叶肉，剩下表皮及叶脉，危害后的叶片成网状，幼虫长大后则分散危害。幼虫早晚取食，白天不活动。8月中旬至9月中旬幼虫逐渐老熟，入土化蛹越冬。

（3）防治方法

① 结合秋翻，春刨树盘，让越冬蛹暴露地面，经风吹日晒失水而死，或为鸟类所食；② 利用3龄前群集并振动吐丝下垂的习性，进行人工摘

除群集的枝叶。也可振动被害枝，在幼虫下垂时，抓住虫丝将幼虫带下踩死；③ 大量产卵期，释放卵寄生蜂如赤眼蜂等，对卵的寄生效果较好。幼虫危害期可喷赤虫菌或杀螟杆菌（每克含孢子 100 亿个）800 ～ 1 000 倍液，进行生物防治；④ 幼虫危害期可喷 50% 杀螟松乳油或辛硫磷乳油均为 1 000 倍液，也可喷 20% 速灭杀丁 2 000 倍液，或用 2.5% 溴氰菊酯 1 000 ～ 3 000 倍液，每隔 5 天 1 次，连续 2 ～ 3 次，效果较好。

7. 红蜘蛛

（1）症状

红蜘蛛有多种类型，危害甜樱桃的主要是山楂红蜘蛛，又名山楂叶螨、樱桃红蜘蛛。成、幼、若螨刺吸叶片组织、芽、果的汁液，被害叶初期呈现灰白色失绿小斑点，随后扩大连片。芽严重受害后不能继续萌发，变黄、干枯。严重时全叶苍白枯焦早落，常造成二次发芽开花，削弱树势，不仅当年果实不能成熟，还影响花芽形成和下年的产量。大量发生的年份，7—8 月常造成大量落叶，导致二次开花。

（2）发生规律及习性

北方每年发生 5 ～ 13 代，均以受精雌螨在树体各缝隙内及干基附近土缝里群集越冬。第一代卵落花后 30 余天达孵化盛期，此时各虫态同时存在，世代重叠。一般 6 月前温度低，完成 1 代需 20 余天，虫量增加缓慢，夏季高温干旱 9 ～ 15 天即可完成 1 代，卵期 4 ～ 6 天，麦收前后为全年发生的高峰期，严重者常早期落叶，由于食料不足营养恶化，常提前越冬。食料正常的情况下，进入雨季高湿，加之天敌数量的增长，致山楂叶螨虫口显著下降，至 9 月可再度上升，危害至 10 月陆续以末代受精雌螨潜伏越冬。成若幼螨喜在叶背群集危害，有吐丝结网习性。

（3）防治方法

① 保护和引放天敌。红蜘蛛的天敌有食螨瓢虫、小花蝽、食虫盲蝽、草蛉、蓟马、隐翅甲、捕食螨等数十种。尽量减少杀虫剂的使用次数或使用不杀伤天敌的药剂以保护天敌，特别花后大量天敌相继上树，如不喷药杀伤，往往可把害螨控制在经济允许水平以下，个别树严重，平均

每叶达 5 头时应进行"挑治"，防止普治大量杀伤天敌；② 果树休眠期刮除老皮，重点是除主枝分叉以上老皮，主干可不刮皮以保护主干上越冬的天敌；③ 幼树山楂叶螨主要在树干基部土缝里越冬，可在树干基部培土拍实，防止越冬螨出蛰上树；④ 发芽前结合防治其他害虫可喷洒 5°Bé 石硫合剂或 45% 晶体石硫合剂 20 倍液、含油量 3%～5% 的柴油乳剂，特别是刮皮后施药效果更好；⑤ 花前是进行药剂防治叶螨和多种害虫的最佳施药时期，在做好虫情测报的基础上，及时全面进行药剂防治，可控制在危害繁殖之前。可选用 0.3°～0.5°Bé 石硫合剂或 45% 晶体石硫合剂 300 倍液。

8. 黄刺蛾

（1）症状

别名刺蛾、八角虫、八角罐、洋辣子、羊蜡罐、白刺毛（图 18），以幼虫伏在叶背面啃食叶肉，使叶片残缺不全，严重时，只剩中间叶脉。幼虫体上的刺毛丛含有毒腺，与人体皮肤接触后，备感痒痛而红肿。

（2）发生规律及习性

东北及华北多年生 1 代，以老熟幼虫在枝干上的茧内越冬。第一代幼虫 6 月中旬至 7 月上中旬发生，第一代成虫 7 月中下旬始见，第二代幼虫危害盛期在 8 月上中旬，8 月下旬开始老熟结茧越冬。7—8 月高温干旱，黄刺蛾发生严重。

（3）防治方法

① 秋冬季结合修剪摘虫茧或敲碎树干上的虫茧，减少虫源；② 利用成虫的趋光性，用黑光灯诱杀成虫；③ 利用幼龄幼虫群集危害的习性，在 7 月上中旬及时检查，发现幼虫即人工捕杀，捕杀时注意幼虫毒毛；④生物防治。在成虫产卵盛期用，可采用赤眼蜂寄生卵粒，每亩地放蜂 20 万头，每隔 5 天放 1 次，3 次放完，卵粒寄生率可达 90% 以上；⑤ 在幼虫盛发期喷洒 50% 辛硫磷乳油 1 000～1 500 倍液灭杀幼虫。

图 18　黄刺蛾

9. 褐缘绿刺蛾

别名青刺蛾、四点刺蛾、曲纹绿刺蛾、洋辣子。

（1）症状

低龄幼虫取食下表皮和叶肉，留下上表皮，致叶片呈不规则黄色斑块，大龄幼虫食叶成平直的缺刻。

（2）发生规律及习性

北方年生1代，均以老熟幼虫蛹于茧内越冬，结茧场所于干基浅土层或枝干上。1代区5月中下旬开始化蛹，6月上中旬到7月中旬为成虫发生期，幼虫发生期6月下旬到9月，8月危害最重，8月下旬到9月下旬陆续老熟且多入土结茧越冬。

（3）防治方法

参考黄刺蛾的防治方法。

10. 大青叶蝉

大青叶蝉（图19）又名大绿浮尘子、青叶蝉、大绿叶蝉等。

（1）发病症状

以成虫和若虫刺吸汁液，影响生长消弱树势，在北方产越冬卵于果树枝条皮下，刺破表皮致使枝条失水，造成枝干损伤，常引起冬、春抽条和幼树枯死，影响安全越冬。

（2）发生规律及习性

每年发生 3 代，以卵块在枝干皮下越冬。春季果树萌芽时孵化为若虫，第一代成虫发生于 5 月下旬，7—8 月为第二代成虫发生期，9—11 月出现第三代成虫。第一、第二代危害杂草或其他农作物，第三代在 9—10 月危害甜樱桃。

（3）防治方法

① 利用成虫趋光性，夏季夜晚灯光诱杀成虫，杜绝上树产卵，可以明显减少来年的发生数量；② 1～2 年生幼树，在成虫产越冬卵前用塑料薄膜袋套住树干，或用涂白剂进行树干涂白，阻止成虫产卵；③ 加强栽培管理措施，及时清除园内杂草，幼树园和苗圃地附近最好不种秋菜；④ 若虫发生期喷药防治，种类及浓度：2.5% 溴氰菊酯等菊酯类 1 500～2 000 倍液，或用 50% 辛硫磷乳油 1 500 倍液杀死若虫。

图 19　大青叶蝉

11. 桃潜叶蛾

（1）症状

主要以幼虫潜食叶肉组织，在叶中纵横窜食，形成弯弯曲曲的虫道，并将粪粒充塞其中，受害严重时叶片只剩上下表皮，甚至造成叶片提前脱落。若防治不及时，严重削弱树势，影响次年开花结果。

（2）发生规律及习性

每年发生约 7 代，以蛹在果园附近的树皮缝内、被害叶背及落叶、杂草、石块下结白色薄茧过冬。叶受害后枯死脱落。幼虫老熟后在叶内吐丝结白色薄茧化蛹。5月上中旬发生第一代成虫，以后每月发生1代，最后1代发生在11月上旬。

（3）防治方法

① 消灭越冬虫体：冬季结合清园，刮除树干上的粗老翘皮，连同清理的叶片、杂草集中焚烧或深埋；② 运用性诱剂杀成虫：选一广口容器，盛水至边沿1 cm处，水中加少许洗衣粉，然后用细铁丝串上含有桃潜叶蛾成虫性外激素制剂的橡皮诱芯，固定在容器口中央，即成诱捕器。将制好的诱捕器挂于樱桃园中，高度距地面1.5 m，每亩地挂5～10个，可以诱杀雄性成虫；③ 化学防治：化学防治的关键是掌握好用药时间和种类。在越冬代和第一代雄成虫出现高峰后的3～7天喷药，可获得理想效果。如果错过了上述防治期，那么只要在下一个成虫发生高峰后3～7天适时用药，亦能控制虫害发展。所用药物及其剂量为2.5%溴氰菊酯或功夫乳油3 000倍液、50%杀螟松乳剂1 000倍液。

12. 苹小卷叶蛾

（1）症状

俗称舐皮虫。幼虫危害果树的芽、叶、花和果实。幼虫常将嫩叶边缘卷曲，以后吐丝缀合嫩叶；大幼虫常将2～3张叶片平贴，或将叶片食成孔洞或缺刻，或将叶片平贴果实上，将果实啃成许多不规则的小坑洼。

（2）发生规律及习性

一年发生3～4代，以幼龄幼虫在粗翘皮下、剪锯口周缘裂缝中结白色薄茧越冬，尤其在剪、锯口，越冬幼虫数量居多。第二年3—4月出蛰，出蛰幼虫先在嫩芽、花蕾上，潜于其中危害。叶片伸展后，便吐丝缀叶危害，被害叶成为"虫苞"。长大后则多卷叶危害，老熟幼虫在卷叶中结茧化蛹。3代发生区，6月中旬越冬代成虫羽化，7月下旬第一代羽化，9月上旬第二代羽化；4代发生区，越冬代为5月下旬、第一代为6月末至7月初、第二代在8月上旬、第三代在9月中羽化。

（3）防治方法

① 生物防治：用糖醋、果醋或苹小卷叶蛾性信息素诱捕器以监测成虫发生期数量消长。自诱捕器中出现越冬成虫之日起，第四天开始释放

赤眼蜂防治，一般每隔6天放蜂1次，连续放4~5次，每公顷放蜂约150万头，卵块寄生率可达85%左右，基本控制其危害；② 利用成虫的趋化性和趋光性：将酒、醋、水按5：20：80的比例配置，或用发酵豆腐水等，引诱成虫。也可以利用成虫的趋光性装置黑光灯诱杀成虫；③ 人工摘除虫苞：人工摘除虫苞至越冬代成虫出现时结束；④ 化学防治：在早春刮除树干、主侧枝的老皮、翘皮和剪锯口周缘的裂皮等后，用旧布或棉花包蘸敌百虫300~500倍液，涂刷剪锯口，杀死其中的越冬幼虫。

13. 梨花网蝽

（1）症状

别名梨网熔、梨军配虫。成虫和若虫栖居于寄主叶片背面刺吸危害。被害叶正面形成苍白斑点，叶片背面因此虫所排出的斑斑点点褐色粪便和产卵时留下的蝇粪状黑色，使整个叶背面呈现出锈黄色，易识别。受害严重时候，使叶片早期脱落，影响树势和产量。

（2）发生规律及习性

每年发生代数因地而异，北方果区3~4代。各地均以成虫在枯枝落叶、枝干翘皮裂缝、杂草及土、石缝中越冬。在北方果区次年4月上、中旬开始陆续活动，飞到寄主上取食危害。由于成虫出蛰期不整齐，5月中旬以后各虫态同时出现，世代重叠。1年中以7—8月危害最重。

（3）防治方法

① 人工防治：成虫春季出蛰活动前，彻底清除果园内及附近的杂草、枯枝落叶，集中烧毁或深埋，消灭越冬成虫。9月间树干上束草，诱集越冬成虫，清理果园时一起处理；②化学防治：关键时期有2个，一个是越冬成虫出蛰至第一代若虫发生期，成虫产卵之前，以压低春季虫口密度；二是夏季大发生前喷药。农药可用90%晶体敌百虫1 000倍液、50%杀螟松乳剂1 000倍液、50%对硫磷乳剂1 500倍液、2.5%溴氰菊酯等菊酯类农药1 500~2 000倍液等，连喷两次，效果较好。

五、周年管理历

樱桃周年管理历见表 11。

表 11　樱桃周年管理历

时间	作业项目	主要工作内容
1 月	制定全年生产计划	
	清园	
	准备生产资料	
	人员技术培训	
2 月	冬季修剪	以整形为主，采取开张角度、轻剪、破顶等各项措施
	幼龄期修剪	以培养大中小各种类型结果枝组为主，修剪措施以甩放为主、短截为辅；扩大树冠，合理调整树体结构，疏除过密枝条
	结果初期修剪	稳定枝量和花芽数量，及时回缩过高过大的枝组，疏除旺枝，去强留弱，去直留平，抑制旺长，调整全树各类枝量比例，中长果枝占 20% 左右，短枝及花束状枝占 80% 左右
	盛果期修剪	维持树体结构的稳定，保持骨干枝开张角度，控制树体的大小，将果园覆盖率稳定在 75% 左右；维持结果枝组，和结果枝的良好生长能力和负载能力
	衰老期修剪	25 年生以上的樱桃树进入衰老期，及时通过修剪更新复壮，充分利用潜伏芽萌发的徒长枝，培养恢复树冠，调整角度，延长结果年龄
	熬制石硫合剂	优质生石灰∶细硫磺粉∶水 = 1∶1.4 ～ 1.5∶13 石硫合剂波美度（°Bè）测定：石硫合剂原液可用波美比重计直接度量
	维修喷药机械及其他农机设备	

（续表）

时间	作业项目	主要工作内容
3月	继续完善冬剪工作	樱桃修剪应在本月 10 日前完成
	春灌	春季灌水越早越好，以浇顶冻水为好（是指早春土壤没解冻前全园浇 1 次透水）
	追肥	追肥以氮肥为主，幼树株施 0.2 ~ 0.5 kg，成年树株施 1 ~ 1.5 kg，追肥后立即浇水
	幼树除防寒物	根据湿度情况，幼树适时撤防寒土，解除枝干上所覆防寒物
	防治病虫害	在樱桃芽体萌动时，适时喷布 5° 石硫合剂，随芽体萌发降低度数，为全年防治病虫害打下基础
4月	花前复剪	樱桃花前复剪是对冬季修剪的一次补充修剪。对冬剪时因看不准而甩放过长的枝条适当回缩，对冬剪时所遗漏的枝条适当剪截
	疏花疏果	对坐果率高的品种适当疏花疏果，保证果品质量；对树势较弱的植株进行疏花疏果，恢复树势
	幼果期追肥	樱桃幼果期进行追肥，以 N、P、K 为主，成年树株施入 N、P、K 复合肥 5 ~ 8 kg，追肥后及时浇水
5月	采前灌水	樱桃采收前适时浇水，保持土壤湿度，以减轻樱桃采收前遇雨果实裂果程度
	幼树第一次修剪	5 月下旬至 6 月上旬对樱桃进行修剪。修剪时对主干延长枝剪留 50 ~ 60 cm，主枝留 40 ~ 50 cm，两侧枝留 30 ~ 40 cm，其余枝条适当摘心
	准备采收、贮运	准备采收工具、包装。樱桃包装规格在 0.5 ~ 5 kg 为宜。樱桃属鲜果，皮薄肉软多汁，过大规格包装易挤压，造成不必要损失，找好销售渠道
	采收	樱桃采收时要轻拿轻放，采摘果实时拇指与食指顶住果梗基部轻掰动采下，不得碰掉果梗，以免果梗处受伤腐烂，降低质量，并不得掰掉果枝，影响来年产量。采收樱桃必须掌握好采摘成熟度，过早影响果实风味，过晚影响运输

（续表）

时间	作业项目	主要工作内容
6月	采收	樱桃果实采收一般为5月中旬至6月下旬
	修剪	樱桃采收后，及时清理层间，疏除背上及剪锯口旺枝，回缩冗长枝，解决膛内光照
	病虫防治	樱桃采收后及时喷布杀虫、杀菌剂。此时主要害虫有：红蜘蛛、刺蛾，选择药剂可喷布0.5%虫螨灵1 500～2 000倍，5%尼索朗1 500～2 000倍，20%灭扫利乳油2 000倍。樱桃采收及修剪后造成的机械伤口，及樱桃早期斑点病，和其他枝叶病害，可选择喷布杀菌剂，有50%扑海因可湿性粉剂1 500倍，百菌清300～500倍，结合喷药进行叶面喷肥，如：灭菌肥5 000倍，0.3%尿素、雷力2 000倍等液体肥料
7月	修剪	本月下旬对上次生长量不够的枝条，及经上次修剪剪截后已达到一定生长量的枝条，再次进行剪截，修剪时剪截长度同第一次夏剪
	做好雨季排水	7—8月是北京地区多雨季节，要做好全园排涝工作，做到沟沟相通，能灌能排，使全园大雨后无积水
	病虫防治	本月是红蜘蛛、毛虫、刺蛾等害虫及樱桃叶部病害的重点发生季节，要适时喷药防治，使用药剂同上。但不同种类杀虫、杀菌剂要交替使用，避免使其产生抗性
	施基肥	樱桃基肥要在雨季之前施用，这样一可使肥效早，二可减少灌水。樱桃施基肥一般成年树可株施入优质有机肥50～100 kg
8月	防涝	继续做好防涝工作
	病虫防治	本月主要害虫有桑白介壳虫、刺蛾、毛虫、红蜘蛛、军配虫、潜叶蛾等害虫，选择药剂：速蚧克1 500～2 000倍，灭扫利1 500～2 000倍，虫螨灵1 000～1 500倍，护卫鸟800～1 000倍

（续表）

时间	作业项目	主要工作内容
8月	拉枝整形	4月下至8月上旬是果树拉枝整形的最佳季节。此时，枝干柔软，利用这一特点调整各层各级骨干枝、辅养枝、侧枝、外围枝的方向角度
9月	秋剪	8月底至9月上旬对樱桃所有生长点进行摘心，使其枝条组织充实，增强抗寒力
	病虫防治	本月对刺蛾、军配虫、毛虫、潜叶蛾、浮尘子继续加强防治，对枝干及叶部病害适时喷布杀菌剂
	灌水	根据土壤墒性适时浇水
10月	秋耕	对全园进行深耕，改良土壤
	平整土地	修畦整埝
	树体涂白	白涂剂配比：生石灰5～8 kg＋水20 kg＋石硫合剂原液1 kg＋食盐0.5～0.8 kg＋植物油0.1 kg
	清园	彻底清除园内枯枝烂叶、杂草
11月	幼树防寒	防寒措施，一是幼树枝干整体用宽3 cm左右薄塑料条依次裹紧包实；二是涂抹防冻油
	灌冻水	土壤上冻前全园灌1次透水，待土壤不粘时，及时松土保墒，继续清园
	做好其他越冬准备工作	
12月	做好生产管理总结统计工作	
	整理病虫害监测防治记录	
	为下一年度做好准备	

李

一、主要品种

（一）早熟品种

1. 长李 15 号

吉林省长春市农业科学院园艺研究所育成。果实扁圆形，平均果重 40 g，最大果重 70 g，成熟时果实着色鲜红，果粉厚。果肉浅黄色，汁多味香，甜酸适口。半离核，鲜食品质上等，较耐贮运。树势较壮，萌芽力强，成枝力较差，以短果枝和花束状果枝结果为主。花期较晚，坐果率较高。该品种抗逆性、抗寒性强。栽植时需配授粉树，以绥棱红作授粉树较好。

2. 大石早生

原产日本，果实卵圆形，平均果重 50 g，最大果重 100 g，成熟时果实鲜红色，果粉多。果肉淡黄色，肉质细，柔软多汁，味酸甜，有微香，黏核，可溶性固形物含量 17%，鲜食品质上等。果实发育期 65 ～ 70 天，冀北地区 6 月底 7 月初成熟。该品种适应性强，抗旱、抗寒、抗病、耐瘠薄，是优良的极早熟品种。栽植时需配授粉树，以密斯李、盖县大李等品种作授粉树较好。

3. 莫尔特尼

美洲品种。果实中大，近圆形，平均单果重 74.29 g，风味酸甜，可溶性固形物含量 13.3%，黏核，成熟期为 6 月 20 日左右。在自然授粉条件下，全部坐单果，坐果率较高，需进行疏花疏果，栽培上可配置索瑞斯、密斯李等品种作为授粉树。该品种适应性广，抗寒、抗旱、耐瘠薄，对病虫害抗性强。栽培上应注意培养自然开张形或多主枝杯状形树形，生产中必须进行疏花疏果，一般每隔 10 cm 左右保留 1 个果，以保证果大质优。

4. 美丽李

又名盖县大李，原产美国。果实近圆形或心形，平均单果重 87.59 g，鲜红或紫红色，果肉黄色，质硬脆，充分成熟时变软，味酸甜，具浓香，可溶性固形物含量 12.5%，黏核或半离核，核小，可食率 98.7%，在常温下果实可贮放 5 天。自花不结实，需配置授粉树，适宜的授粉品种有大石早生、跃进李、绥李 3 号等。果实 6 月底至 7 月初成熟。抗旱、抗寒能力均较强，果实大，外观鲜丽，鲜食品质较好，是该品种的优点，缺点是抗病能力弱。

5. 绥棱红

又名北方 1 号，果实圆形，平均单果重 48.69 g，味甜酸，浓香，可溶性固形物 13.9%，黏核，核较小，可食率 97.5%。在常温下果实可贮放 3 天左右，最适宜的授粉品种有绥李 3 号和跃进李，果实 7 月上旬成熟。抗寒和抗旱能力强，枝干易染细菌性穿孔病，易遭蚜虫和蛀干害虫危害。是一个优良的鲜食品种，丰产性强，适应性广，成熟期早，对栽培技术要求不严格。

（二）中熟品种

1. 黑琥珀

原产美国。果实扁圆形，个大，平均果重 100 g，最大果重 150 g，果实紫黑色，果肉淡黄色，充分成熟时果肉红色，肉质松软，味酸甜，果汁多，离核，鲜食品质中上，耐贮运。异花授粉。果实发育期 110 天，冀北地区 8 月中下旬成熟。树势中庸，树姿直立，以短果枝和花束状果枝结果为主。该品种抗旱、抗寒能力强。果个大、丰产、耐贮、品质好，适合干旱地区发展。

2. 圣玫瑰

原产美国。果实中大，平均果重 100 ～ 150 g。果实卵圆形有光泽，成熟时果实皮底色黄绿，着色全面鲜红艳丽。果肉金黄色，味酸甜，有香气，肉质致密，硬溶质，汁液丰富，可溶性固形物含量 12.6% ～ 14%。

果实发育期 95 天左右，泰安地区 7 月中旬成熟。耐贮运。树势中庸，以中、短果枝和花束状果枝结果为主。

3. 美国大李

原产美国。果实圆形，平均单果重 70.89 g，紫黑色，果肉橙黄色，质致密，味甜酸，含可溶性固形物 12.0%，离核，可食率 98.1%，品质上等，常温下果实可贮放 8 天左右，果实于 7 月中下旬成熟，采前落果轻。抗寒和抗旱性较差，抗细菌性穿孔病能力较弱。该品种果实较大，外观美丽，是鲜食优良品种，也可加工制果脯或制罐头。开花期较晚，因此，需选择晚花品种为授粉树。

4. 北京晚红李

又名三变李，北京紫李。该品种属于中国李。树势强健，萌芽、成枝力均强。幼树生长旺，盛果期树以花束状果枝结果为主。果实圆形或长圆形，果顶稍尖，平均单果重 57 g。果皮由从红色到暗红色或紫色。果梗较长，梗洼深，缝合线明显，果粉厚。可溶性固形物含量 14.8% ～ 17.6%。果肉，肉质细，品质上。核为椭圆形，黏核或半黏核，核小。该品种为北京地区的优良品种之一，7 月中下旬成熟。抗寒，抗病能力强，适于在沙滩盐碱地栽培。结果早、丰产性稳定，经济效益好。但自花不实，栽植时需配置授粉树。

5. 玉皇李

是我国古老的品种。果实长圆形，平均单果重 61.3g，最大果重 70g。果皮黄绿色。果肉，硬脆，纤维少，汁多，风味甜酸，香味浓，品质上等。玉皇李不仅是生食良种，也是加工罐头的优良品种。在辽南 8 月上旬成熟。果实耐贮运，一般可存放 1 周左右。

（三）晚熟品种

1. 龙园秋李

又名晚红、龙园秋红，黑龙江省农业科学院育成。果实扁圆形，平均果重 75 g，最大果重 120 g，成熟时果实外表鲜红色，果肉橙黄色，汁多，味酸甜，微香。果实发育期 120 天，冀北地区 9 月上中旬成熟。树势强壮，萌芽率高，成枝力较弱，以短果枝和花束状果枝结果为主。该品种具有抗寒、抗病等优点。自花不结实，栽植时必须配置授粉树，以长李 15 号、绥棱红等品种作授粉树较好。

2. 安哥诺

原产美国，原代号为"布朗 3 号"。果实个大，平均果重 120 g，最大可达 250 g。果实扁圆形，成熟时果皮紫黑色，果肉淡黄色，味甜，有香气，不溶质，汁液丰富，贮存 15～20 天后果肉转为红色，可溶性固形物含量 15%。果实发育期 150 天左右，冀北地区 10 月上中旬成熟。常温下可贮存至元旦，冷库可贮藏至翌年 4 月。树势强壮，萌芽率高，成枝力强，易成花，耐寒力强。

3. 大玫瑰

原产欧洲，属欧洲李的栽培品种，在我国栽培历史较久，现分布于山东、河北、辽宁等地。果实卵圆形，平均单果重 53.79 g，鲜红色，果肉黄色，过熟时有部分果实的果肉近核处有小部分变黄褐色，肉质致密，味酸甜，有香气，含可溶性固形物 12.85%，离核，核大，长圆形。可食率 97.7%，鲜食品质上乘，在常温下果实可贮放 7～10 天。适宜的授粉品种为晚黑和耶鲁尔，果实于 8 月底成熟，抗病性较强。丰产，晚熟，果实外形特殊，色泽艳丽，除鲜食外也是很好的加工品种。

4. 澳大利亚 14 号

原产美国。果实圆形，暗紫红色，果肉红色，肉质致密，味酸甜，微香，可溶性固形物含量 13.7%，核小，半离核，可食率 98.1%，鲜食品质中上，在常温下果实可贮放 20～30 天。自花授粉结实率可达 20.5%，异花授粉产量更高，适宜的授粉品种有黑琥珀。果实于 9 月上旬成熟，是极晚熟大果型优良品种，可明显推迟李果的供应期，又赶在国庆节前上市，果实耐贮运，货架寿命长，很有市场竞争力。由于该品种坐果率高，栽培中应严格控制产量。抗细菌性穿孔病的能力差。

二、生态习性

（一）温度

李树对温度的要求因种类和品种不同而异。中国李、欧洲李喜温暖湿润的环境，而美洲李比较耐寒。同是中国李，生长在我国北部寒冷地区的绥棱红、绥李 3 号等品种，可耐 –42 ～ –35℃的低温；而生长在南方的木隼李、芙蓉李等则对低温的适应性较差，冬季低于 –20℃就不能正常结果。

李树花期最适宜的温度为 12 ～ 16℃。不同发育阶段对低温的抵抗力不同，如花蕾期 –5.5 ～ –1.1℃就会受害；花期和幼果期为 –2.2 ～ –0.5℃。因此北方李树要注意花期防冻。

（二）水分

李树为浅根树种。因种类、砧木不同对水分要求有所不同。欧洲李喜湿润环境，中国李则适应性较强；毛桃砧一般抗旱性差，耐涝性较强，山桃耐涝性差抗旱性强，毛樱桃根系浅，不太抗旱。因此在较干旱地区栽培李树应有灌溉条件，在低洼黏重的土壤上种植李树要注意雨季排涝。

（三）土壤

对土壤的适应性以中国李最强，几乎各种土壤上李树均有较强的适应能力，欧洲李、美洲李适应性不如中国李。但所有李均以土层深厚的沙壤—中壤土栽培表现好。黏性土壤和沙性过强的土壤应加以改良。

（四）光照

李树为喜光树种，通风透光良好的果园和树体，果实着色好，糖分高，枝条粗壮，花芽饱满。阴坡和树膛内光照差的地方果实成熟晚，品质差，枝条细弱，叶片薄。因此，栽植李树应在光照较好的地方并修整成合理的树形，对李树的高产、优质十分必要。

三、栽培技术

（一）土肥水管理

李树在整个生长发育过程中，根系不断从土壤中吸收养分和水分，以满足生长与结果的需要。只有加强土肥水管理，才能为根系的生长、吸收创造良好的环境条件。

1. 土壤管理

土壤管理的中心任务是将根系集中分布层改造成适宜根系活动的活土层。这是李树获得高产稳产的基础。具体土壤管理应注意以下几个方面。

（1）深翻熟化

在土壤不冻季节均可进行，深翻要结合施有机肥进行，通过深翻并同时施入有机肥可使土壤孔隙度增加，增加土壤通透性和蓄水保肥能力，增加土壤微生物的活动，提高土壤肥力，使根系分布层加深。深翻的时期在北京等北方地区以采果后秋翻结合施有机肥效果最好。此时深翻，正值根系第二次或第三次生长高峰，伤口容易愈合，且易发新根，利于越冬和促进第二年的生长发育。深翻的深度一般以 60 ～ 80 cm 为宜。方法有扩穴深翻、隔行深翻或隔株深翻、带状深翻以及全园深翻等。如有条件深翻后最好下层施入秸秆，杂草等有机质，中部填入表土及有机肥的混合物，心土撒于地表。深翻时要注意少伤粗根，并注意及时回填。

（2）李园耕作

有清耕法、生草法、覆盖法等。不间作的果园以"生草＋覆盖"效果最好。行间生草，行内覆草，行间杂草割后覆于树盘下，这样不破坏土壤结构，保持土壤水分，有利于土壤有机质的增加。第一次覆草厚度要在 15 ～ 20 cm，每年逐渐加草，保持在这个厚度，连续 3 ～ 4 年后，深耕翻 1 次。北方地区覆草，冬季干燥，必须注意防火，可在草上覆一层土来预防。另外长期覆盖易招致病虫害及鼠害，应采取相应的防治措施。生草李园要注意控制草的高度，一般大树行间草应控制在 30 cm 以下，小树应控制在 20 cm 以下，草过高影响树体通风透光。

化学除草在李园中要慎用，因李与其他核果类果树一样，对某些除草剂反应敏感，使用不当易出现药害，大面积生产上应用时一定要先做小面积试验。对用药种类、浓度、用药量、时期等摸清后，再用于生产。

（3）间作

定植 1～3 年的李园，行间可间作花生、豆类、薯类等矮秆作物，以短养长，增加前期经济效益，但要注意与幼树应有 1 米左右的距离，以免影响幼树生长。另外北方干寒地区不应种白菜、萝卜等秋菜。秋菜灌水多易引起幼树秋梢徒长，使树体不充实，而且易招致浮尘子产卵危害，而引起幼树越冬抽条。

2. 合理施肥

合理施肥是李树高产，优质的基础，只有合理增施有机肥，适时追施化学肥料，并配合叶面喷肥，才能使李树获得较高的产量和优质的果品。

（1）基肥

一般以早秋施为好。北京地区在 9 月上中旬为宜，结合深翻进行。将磷肥与有机肥一并施入。并加入少量氮肥，对李树当年根系的吸收，增加叶片同化能力有积极影响。数量依据树体大小，土壤肥力状况及结果多少而定。树体较大，土壤肥力差，结果多的树应适当多施。树体小，土壤肥力高，结果较少的树，适当少施。原则是每产 1 kg 果施入 1～2 kg 有机肥。方法可采用环状沟施、行间或株间沟施、放射状等。

（2）追肥

一般进行 3～5 次，前期以氮肥为主，后期 N、P、K 配合。花前或花后追施氮肥，幼树 100～200 g 尿素，成年树 500～1 000 g。弱树、果多树适当多施，旺树可不施；花芽分化前追肥，5 月中下以施 N、P、K 复合肥为好；硬核期和果实膨大期追肥，N、P、K 肥配合利于果实发育，也利于上色，增糖；采后追肥，结合深翻施基肥进行，N、P、K 配合为好，如基肥用鸡粪可只补些氮肥。追肥一般采用环沟施，放射状沟施等方法，也可用点施法，即每株树冠下挖 6～10 坑，坑深 5～10 cm 即可，将应施的肥均匀地分配到各坑中覆土埋严。

（3）叶面喷肥

7月前以尿素为主，浓度0.2%～0.3%的水溶液，8～9月以P、K肥为主，可使用磷酸二氢钾、氯化钾等，同样用0.2%～0.3%的水溶液。对缺锌缺铁地区还应加0.2%～0.3%硫酸锌和硫酸亚铁。叶面喷肥一个生长季喷5～8次，也可结合喷药进行。花期喷0.2%的硼酸和0.1%的尿素，有利于提高坐果率。

3. 合理排灌

在我国北方地区，降水多集中在7—8月，而春、秋和冬季均较干旱，在干旱季节必须有灌水条件，才能保证李树的正常生长和结果，要达高产优质，适时适量灌水是不可缺少的措施，但7—8月雨水集中，往往又造成涝害，此时还必须注意排涝。

（1）灌溉

从经验上看可通过看天、看地、看李树本身来决定是否需要灌溉。根据北京的气候特点，结合物候期，一般应考虑以下几次灌溉。

花前灌水：有利于李树开花，坐果和新梢生长，一般在3月下旬至4月上旬进行。

新梢旺长和幼果膨大期灌水：正是北京比较干旱的时期，也是李树需水临界期，此时必须注意灌水，以防影响新梢生长和果实发育。

果实硬核期和果实迅速膨大期灌水：此时也正值花芽分化期，结合追肥灌水，可提高果品产量，提高品质，并促进花芽分化。

采后灌水：采果后是李树树体积累养分阶段，此时结合施肥及时灌水，有利于根系的吸收和光合作用，促进树体营养物质的积累，提高抗冻性和抗抽条能力，利于第二年春的萌芽、开花和坐果。

冬前灌水：北京在11月上中旬灌溉1次，可增加土壤湿度，有利于树体越冬。灌溉的方法生产上以畦灌应用最多，还有沟灌、穴灌、喷灌、滴灌等，如有条件，应用滴灌最好，节水，灌水均匀。

（2）排水

在雨季来临之前首先要修好排水沟，连续大雨时要将地面明水排出园区。

（二）整形修剪

1. 主要树形及整形

（1）自然开心形

70 cm 左右定干，主干上留 3 个主枝，相距 10 ～ 15 cm 临近分布，主枝与主干的夹角 50°～ 60°。每个主枝上配置 2 ～ 3 个侧枝，侧枝留的距离及数量根据栽植株行距的大小而定。在主侧枝上配置大、中、小型结果枝组（图 20）。

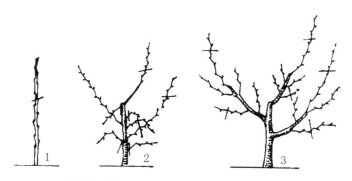

1. 苗木定植后定干状；2. 第二年冬剪状；3. 第三年冬剪状

图 20　李树自然开心形成型过程

（2）两层疏散开心形

干高 40 ～ 50 cm，有中心干，第一层 3 个主枝，层内距 15 ～ 20 cm，第二层两个主枝，与第一层主枝插空配置，距第一层主枝 60 ～ 80 cm。

（3）篱壁形

在经济较好的地区建园可以试用，树高 2 m 左右，全株选 6 个主枝，左右各 3 个分别缚在 3 条平行的篱架铁线上。此树形适宜在温室中使用，操作方便，通风透光好。

2. 不同年龄时期树的修剪

（1）幼树

以开心形为例：①4 月下旬至 5 月上旬。对枝头较多的旺枝适当疏除，背上旺枝密枝疏除，削弱顶端优势，促进下部多发短枝；②5 月下旬至 6 月上旬。对骨干枝需发枝的部位可短截促发分枝，对冬剪剪口下出的新梢过多者可疏除，枝头保持 60° 左右。其余枝条角度要大于枝头。背上枝可去除或捋平利用；③ 7—8 月。重点是处理内膛背上直立枝和枝头过密枝，促进通风透光；④ 9 月中下旬。对未停长的新梢全部摘心，促进枝条充分成熟，有利于安全越冬，也有利于第二年芽的萌发生长。无论是冬剪还是夏剪，均应注意平衡树势。对强旺枝重截后疏除多余枝，并压低枝角，对弱枝则轻剪长留，抬高枝角。可逐渐使枝势平衡。

（2）成龄树的修剪

对初进入盛果期的树应该以疏剪为主，短截为辅，适当回缩，在保持结果正常的条件下，要每年保证有一定量的壮枝新梢，只有这样才能保持树势，也才能保证每年有年轻的花束状果枝形成，保持旺盛的结果能力。

（3）衰老树的修剪

此时修剪的目的是恢复树势，维持产量，修剪以冬剪为主，促进更新。在加强地下肥水的基础上，适当重截，去弱留强，对弱枝头，及时回缩更新，促进复壮。

（三）花果管理

1. 保花保果

加强采后管理：采后合理施肥、修剪及保护好叶片，对花芽分化充实有重要作用，可减少下年落花落果的发生。

人工授粉：是提高坐果最有效的措施，注意采集花粉要从亲合力强的品种树上采。在授粉树缺乏时必须搞人工授粉，即使不缺授粉树，但遇上阴雨或低温等不良天气，传粉昆虫活动较少，也应搞人工辅助授粉。人工授粉最有效的办法是人工点授，但费工较多。也可采用人工抖粉。即在花粉中掺入 5 倍左右滑石粉等填充物，装入多层纱布口袋中，在李树花上部慢慢抖动。还可用掸授。即用鸡毛掸子在授粉树上滚动，后再在被授粉树上滚动。据浙江农大试验，用蜜李等花粉给木李授粉，坐果率可达 21.8%，套袋自交的仅 5.4%，自然授粉的为 12.2%。

花期喷硼：花期喷 0.1% ～ 0.2% 的硼酸 +0.1% 的尿素也可促进花粉管的伸长，促进坐果，另外用 0.2% 的硼砂 +0.2% 磷酸二氢钾 +30 mg/kg 防落素也有利于坐果。

放蜂：花前 1 周左右在李园每 1 hm² 放一箱蜂，可明显提高坐果率。

花前回缩及疏枝：对树势较弱树，对拖拉较长的果枝进行回缩，并疏去过密的细弱枝，一可集中养分，加强通风透光，二可疏去一部分花，减少营养消耗，有利于提高坐果且增大果个。

防治李实蜂：见病虫害防治。

2. 疏果

疏果能适当增大李果果个，提高商品价值，还可保证连年丰产稳产。因此李树在坐果较好时必须进行疏果。疏果量的确定应根据品种特性，果个大小，肥水条件等综合因素加以考虑。对坐果率高的品种，应早疏，并一次性定果。如北京的晚红李，只要授粉品种配置合理，坐果率极高，且不易落果，必须疏果，否则果个偏小。晚红李的疏果应根据不同枝类，留果距离应有所区别。对背上强旺的 1 ～ 2 年生花束状枝可 7 ～ 10 cm 留 1 个果。对平斜的较壮花束状枝留 10 ～ 15 cm，而对下垂的细弱枝则应 15 ～ 20 cm 留 1 个果，甚至不留果，待枝势转强时再留果。对果实大的品种应留稀些，反之留密一些；肥水条件好树势强健可适当多留果，而肥水条件差，树势又弱的树一定少留。

3. 果实采收

中国李成熟期不一致，一般应注意分批采收，可以提高商品质量。每次将适度成熟的及较大的果实采收，剩下的还可继续生长。如北京的晚红李一般在 7 月下旬采收，一直到 8 月中旬树上仍有果实，从采收开始到结束可达 20 余天。采收期的确定应根据不同用途来定，如当地鲜食，应成熟度稍高，采后 1 ～ 2 天可以出售；如远途运输，则应成熟度稍低些；如果加工用则根据加工需要成熟度采收。

四、主要病虫害及其防治

（一）主要病害

1. 褐腐病

又称果腐病，是桃、李、杏等果树果实的主要病害，在我国分布普遍。

（1）症状

褐腐病可危害花、叶、枝梢及果实等部位，果实常受害最重，花受害后变褐，枯死，常残留于枝上，长久不落。嫩叶受害，自叶缘开始变褐，很快扩展全叶。病菌通过花梗和叶柄向下蔓延到嫩枝，形成长圆形溃疡斑，常引发流胶。空气湿度大时，病斑上长出灰色霉丛。当病斑环绕枝条1周时，可引起枝梢枯死。果实自幼果至成熟期都能受侵染。但近成熟果受害较重。

（2）发病规律

病菌主要以菌丝体在僵果或枝梢溃疡斑病组织内越冬。第二年春产生大量分生孢子，借风雨，昆虫传播，通过病虫及机械伤口侵入。在适宜条件下，病部表面长出大量的分生孢子，引起再次侵染。在贮藏期间，病果与健果接触，能继续传染。花期低温多雨，易引起花腐，枝腐或叶腐。果熟期间高温多雨，空气湿度大，易引起果腐，伤口和裂果易加重褐腐病的发生。

（3）防治方法

消灭越冬菌原：冬季对树上树下病枝、病果、病叶应彻底清除，集中烧毁或深埋。喷药防护：在花腐病发生严重地区，于初花期喷布70%甲基托布津800～1 000倍液。无花腐发生园，于花后10天左右喷布65%代森锌500倍液，或用50%代森铵800～1 000倍液，70%甲基托布津800～1 000倍液。之后，每隔半个月左右再喷1～2次。果实成熟前1个月左右再喷1～2次。

2. 穿孔病

穿孔病是核果类果树（桃、李、杏、樱桃等）常见病害，分细菌性和真菌性两类。以细菌性穿孔病发生最普遍，严重时可引起早期落叶。真菌性穿孔病又分褐斑、霉斑及斑点 3 种。

（1）症状

细菌性穿孔病危害叶，新梢和果实。叶片受害初期，产生水浸状小斑点，后逐渐扩大为圆形或不规则形，潮湿天气病斑背面常溢出黄白色粘稠的菌浓。病斑脱落后形成穿孔或有一小部分与叶片相连。发病严重时，数个病斑互相愈合，使叶片焦枯脱落。枝梢上病斑有春季溃疡和夏季溃疡两种类型。春季溃疡斑多发生在上一年夏季生长的新梢上，产生暗褐色水浸状小疱疹，宽度不超过枝条直径的一半。夏季溃疡斑则生在当年新梢上，以皮孔为中心形成水浸状暗紫色病斑，圆形或椭圆形，稍凹陷，边缘呈水浸状，病斑形成后很快干枯。果实发病初起生褐色小斑点，后发展成为近圆形、暗紫色病斑。中央稍凹陷，边缘水浸状，干燥后病部发生裂纹。天气潮湿时，病斑出现黄白色菌脓。真菌性穿孔病，霉斑、褐斑穿孔病均危害叶、梢和果，斑点穿孔病则主要危害叶片。它们与细菌性穿孔病不同的是，在病斑上产生霉状物或黑色小粒点，而不是菌脓。

（2）发病规律

细菌性穿孔病病源细菌，主要在春季溃疡斑内越冬。在李树抽梢展叶时，细菌自溃疡病斑内溢出，通过雨水传播，经叶片的气孔、枝果的皮孔侵入，幼嫩的组织最易受侵染。5—6 月开始发病，雨季为发病盛期。

（3）防治方法

加强栽培管理、清除病原：合理施肥、灌水和修剪，增强树势，提高树体抗病能力；生长季节和休眠期对病叶、病斑、病果及时清除，特别是冬剪时，彻底剪除病枝，清除落叶、落果，集中深埋或烧毁，消灭越冬菌源。药剂防治：在树体萌芽前刮除病斑后，涂 25°～30°Bè 石硫合剂，或全株喷布 1∶1∶（100～200）波尔多液或 4°～5°Bè 石硫合剂。生长季节从 5 月上旬开始每隔 15 天左右喷药 1 次，连喷 3～4 次，可用 50% 代森铵 700 倍液，50% 福美双可湿性粉剂 500 倍液。硫酸锌石灰液

（硫酸锌 0.5 kg，石灰 2 kg，水 120 kg），0.3°Bè 石硫合剂等。

3. 细菌性根癌病

细菌性根癌病又名根头癌肿病。受害植株生长缓慢，树势衰弱，缩短结果年限。

（1）发病症状

细菌性根癌病主要发生在李树的根茎部，嫁接口附近，有时也发生在侧根及须根上。病瘤形状为球形或扁球形，初生时为黄色，逐渐变为褐色到深褐色，老熟病瘤表面组织破裂，或从表面向中心腐烂。

（2）发病规律

细菌性根癌病病菌主要在病瘤组织内越冬，或在病瘤破裂、脱落时进入土中，在土壤中可存活 1 年以上。雨水、灌水、地下害虫、线虫等是田间传染的主要媒介，苗木带菌则是远距离传播的主要途径。细菌主要通过嫁接口，机械伤口侵入，也可通过气孔侵入。细菌侵入后，刺激周围细胞加速分裂，导致形成癌瘤。此病的潜伏期从几周到 1 年以上，以 5—8 月发病率最高。

（3）防治方法

① 繁殖无病苗木，选无根癌病的地块育苗，并严禁采集病园的接穗，如在苗圃刚定植时发现病苗应立即拨除。并清除残根集中烧毁，用 1% 硫酸铜液消毒土壤；② 苗木消毒：用 1% 硫酸铜液浸泡 1 分钟，或用 3% 次氯酸钠溶液浸根 3 分钟。杀死附着在根部的细菌；③ 刮治病瘤。早期发现病瘤，及时切除，用 30% DT 胶悬剂（琥珀酸铜）300 倍液消毒保护伤口。对刮下的病组织要集中烧毁。李树常见病害还有李红点病，桃树腐烂病（也侵染李、杏、樱桃等）、疮痂病等，防治上可参考褐腐病、穿孔病等进行。

（二）主要虫害

1. 桑白蚧，又称桑盾蚧

（1）症状

以若虫或雌成虫聚集固定在枝干上吸食汁液，随后密度逐渐增大。

虫体表面灰白或灰褐色，受害枝长势减弱，甚至枯死。

（2）发生规律

北方果区一般 1 年发生 2 代，第二代受精雌成虫在枝干上越冬。第二年 5 月开始在壳下产卵，每一雌成虫可产卵 40～60 粒，产卵后死亡。第一代若虫在 5 月下旬至 6 月上旬孵化，孵化期较集中。7 月中下至 8 月上旬，变成成虫又开始产卵，8 月中下旬第二代若虫出现，雄若虫经拟蛹期羽化为成虫，交尾后即死去，留下受精雌成虫继续危害并在枝干上越冬。

（3）防治方法

① 消灭越冬成虫，结合冬剪和刮树皮及时剪除、刮治被害枝，也可用硬毛刷刷除在枝干上的越冬雌成虫；② 药剂防治：重点抓住第一代若虫盛发期，未形成蜡壳时进行防治，目前效果较好的是速扑杀，其渗透力强，可杀死介壳下的虫体。

2. 蚜虫

危害李树的蚜虫主要有桃蚜、桃粉蚜和桃瘤蚜 3 种。

（1）症状

桃蚜危害使叶片不规则卷曲；瘤蚜则造成叶从边缘向背面纵卷，卷曲组织肥厚，凹凸不平；桃粉蚜危害使叶向背面对合纵卷且分泌白色蜡粉和蜜汁。

（2）发生规律

以卵在枝梢芽腋，小枝叉处及树皮裂缝中越冬，第二年芽萌动时开始孵化，群集在芽上危害。展叶后转至叶背危害，5 月繁殖最快，危害最重。蚜虫繁殖很快，桃蚜 1 年可达 20～30 代，6 月桃蚜产生有翅蚜，飞往其他果树及杂草上危害。10 月再回到李树上，产生有性蚜，交尾后产卵越冬。

（3）防治方法

① 消灭越冬卵，刮除老皮或萌芽前喷含油量 55% 的柴油乳剂；② 药剂涂干，50% 久效磷乳油 2～3 倍液，在刮去老粗皮的树干上涂 5～6 cm

宽的药环，外缚塑料薄膜。但此法要注意药液量不宜涂得过多，以免发生药害；③喷药：花后用5%的吡虫啉3 000倍液喷布1～2次。

3. 山楂红蜘蛛（山楂叶螨）

（1）危害症状

以成、幼、若螨刺吸叶片汁液进行危害。被害叶片初期呈现灰白色失绿小斑点，后扩大，致使全叶呈灰褐色，最后焦枯脱落。严重发生年份有的山楂园7—8月树叶大部分脱落，造成二次开花。严重影响果品产量和品质并影响花芽形成和下年产量。

（2）发生规律

每年发生5～9代，以受精雌螨在枝干树皮裂缝内和老翘皮下，或靠近树干基部3～4 cm深的土缝内越冬。也有在落叶下、杂草根际及果实梗洼处越冬的。进入6月中旬后，气温增高，红蜘蛛发育加快，开始出现世代重叠，防治就比较困难，7—8月螨量达高峰，危害加重，但随着雨季来临，天敌数量相应增加对红蜘蛛有一定抑制作用。8—9月逐渐出现越冬雌螨。

（3）防治方法

① 消灭越冬雌螨，结合防治其他虫害，刮除树干粗皮，翘皮，集中烧毁，在严重发生园片可树干束草把，诱集越冬雌螨，早春取下草把烧毁；② 喷药防治：花前在红蜘蛛出蛰盛期，喷0.3°～0.5°Bé石硫合剂，也可用杀螨利果、霸螨灵等防治；花后1～2周为第一代幼、若螨发生盛期。用5%尼索朗可湿性粉剂2 000倍液防治，效果甚佳。打药要细致周到，不要漏喷。

4. 卷叶虫类

以顶卷、黄斑卷和黑星麦蛾较多。

（1）危害症状

顶梢卷叶蛾主要危害梢顶，使新的生长点不能生长，对幼树生长危害极大，黑星麦蛾、黄斑卷叶蛾主要危害叶片，造成卷叶。

（2）发生规律

顶卷、黑星麦蛾1年多发生3代，黄斑卷3～4代，顶卷以小幼虫在顶梢卷叶内越冬。成虫有趋光性和趋糖醋性。黑星麦蛾以老熟幼虫化蛹，在杂草等处越冬，黄斑卷越冬型成虫在落叶、杂草及向阳土缝中越冬。

（3）防治方法

顶卷应采取人工剪除虫梢为主的防治策略，药剂防治则效果不佳。黄斑卷和黑星麦蛾一是可通过清洁田园消灭越冬成虫和蛹；二是可人工捏虫；三是药剂防治，在幼虫未卷叶时喷灭幼脲三号或触杀性药剂。

5. 李实蜂

（1）症状

幼虫蛀食花托和幼果，常将果核食空，果长到玉米粒大小时即停长，然后蛀果全部脱落。某些年份有的李园因其危害造成大量落果甚至绝产。

（2）发生规律

李实蜂每年发生 1 代，以老熟幼虫在土壤中结茧越夏、越冬。春季李萌芽时化蛹，花期成虫羽化出土。成虫习惯于白天飞花间，取食花蕾，并产卵于花萼表皮上，每处产卵 1 粒。幼虫孵化后，钻入花内蛀食花托、花萼和幼果，常将果核食空，虫粪堆积于果内。幼虫无转果习性，约 30 天左右成虫老熟脱果，落地后入土集中在距地表 3～7 cm 处结茧越夏、越冬。

（3）防治方法

① 成虫羽化出土前，深翻树盘，将虫茧埋入深层，使成虫不能出土；② 成虫期喷药：在初花期成虫羽化盛期树冠、地面喷 2.5% 溴氰菊酯乳油 2 000 倍液，可有效的消灭成虫；③ 在幼虫脱果入土前或成虫羽化出土前在李树树冠下撒 2.5% 敌百虫粉剂。每株结果大树撒 0.25 kg；④ 摘除被害果并清除落地虫果集中烧毁。

五、周年管理历

李树的周年管理历见表 12。

表 12　李树的周年管理历

时间	作业项目	主要工作内容
1 至 2 月中旬	（1）冬季修剪	（1）幼树的整形修剪：栽植后，定干高度 80 cm。当年冬季修剪时，根据主干上枝条的间隔、角度，留 3～5 个主枝；若是大果型的品种，如水果李，则留 3～4 个主枝；若是冠形小的品种，如小核李，一般留 4～5 个主枝。根据主枝的强弱，决定它的剪留长度，一般强旺的主枝可留 50 cm 以上，较弱的留 40 cm 左右。留有中心干的，中心干的剪留长度要比主枝长 10～15 cm。定植第二年，根据主枝的间隔距离，在每个主枝上确定 1～2 个二级分枝，其剪留长度为 50 cm 左右；在第一、第二级主枝上适当的地方选留侧枝，其剪留长度为 20 cm 左右。对其他发育枝，在不影响主枝、侧枝生长的情况下进行疏剪和短截。定植第三年，根据主枝延长枝的方向和角度，选留第三级主枝，其剪留长度为 50 cm 左右；上一年选定的侧枝的剪留长度为 35 cm 左右；剪截时要注意角度，以达到主从分明。因李树定植三年就开始见果，故此时对下部的辅养枝应适当缓放，以促使它提早多结果 （2）结果树的修剪：李树定植树 7～8 年即进入盛果期，对其主枝延长枝和永久性侧枝的修剪要注意方向、角度，要达到主从分明。对挂果多的树，要注意适当抬高其角度；对它的发育枝可以轻剪缓放，使其多结果，待结果后再及时回缩，以免树的下部光秃；还要注意培养侧枝上的枝组，除结果外，要在下部留预备枝，以控制或调节枝组的结果范围，也有利于更新。一般预备枝的剪留长度为 7～15 cm；内膛枝组的高度以 50 cm 左右为宜，生长 3 年修剪时应注意改变它的方向 （3）结果枝的修剪：李树有时一年生的枝条不能形成花芽，有时有花但不易坐果，需要在第二年才有花亦能坐住果。因此，对当年枝应轻剪长放，有花后再回缩。李树的短果枝，一般可结果 3～5 年，待其逐渐衰弱时再利用附近生长充实的新枝进行更新。对于花束枝，可使其尽量结果，待其衰老时再进行更新
	（2）清洁果园	凡剪、锯下来的树杈，均应及时清除出园
	（3）剪口保护	凡剪口、锯口较大的，应及时涂保护剂，如清油铝油合剂、桐油铝油合剂、豆油蓝矾石灰合剂等

（续表）

时间	作业项目	主要工作内容
2月中旬至3月中旬	（1）调制农药	熬制石灰硫磺合剂，其配合量为生石灰 2.5 kg、硫磺粉 5 kg、水 20～25 kg
	（2）肥料准备	将堆好的厩肥、圈肥运到树下
	（3）补施基肥	对上一年秋天没施基肥的树，应于本月土壤解冻时立即补施。一般结果树（株产约 50 kg 以上）每株施圈肥 100 kg 左右，幼树每株施 25～30 kg。施肥量，一般应随树龄的增长而逐渐增加。施肥方法，可在树冠外缘挖宽 30～50 cm、深 25 cm 左右的施肥沟，将肥料施入即可
	（4）修渠埂	整修好灌水渠道，以防跑水
	（5）灌水	结合施基肥，及时灌 1 次透水，水量以渗入土层 60 cm 为宜
3月下旬	（1）保墒	灌水后，待土不黏可以下地时进行松土，松土深度为 5 cm
	（2）喷药	树芽膨大时，开始喷 3°～5°Bé 石灰硫磺合剂，以防治越冬害虫。要求将整个树体全面喷布，要使枝芽全粘上药
4月	（1）防治病虫	李树开花前，为防治金龟子等害虫，应该喷一次杀虫剂。4 月中旬李树落花后，可根据发生的病虫害再补喷 1 次农药。盛花期，可喷一次 0.3% 磷酸二氢钾
	（2）夏剪	（1）调整冬剪后剪口芽的方向；（2）疏去过密枝，短截过长枝；（3）疏剪或短截过多、过长的果枝
5月	（1）追肥	用沟施法追施化肥，沟深 10 cm，沟宽 15 cm。盛果期平均每株树追施硫铵 1～1.5 kg。施肥后及时覆土
	（2）灌水	追肥后灌水 1 次，并在灌水后及时松土保墒

（续表）

时间	作业项目	主要工作内容
5 月	（3）疏果	对落果不严重的品种，如一串铃等进行疏果。留果的距离，按照果形大小，以互不影响而能错开生长为标准。以一串铃为例，50 cm 长的结果枝上留 6 个左右。对落果较严重的品种，如牛心李、小核李等，应在看出大小果之后再进行疏果。要求 50 cm 长的果枝上留果 6 个左右。注意：① 要先疏果形不正有伤的果；② 预备枝上不要留果；③ 疏果要细致、周密，不要漏疏
	（4）病虫防治	在树体枝干上发现天牛幼虫的排粪孔时，要及时进行刮治。在树干上涂白，防止吉丁虫产卵。根据树体发生的病虫害，喷相应的农药防治
	（5）夏剪	膛内直立的壮枝，可留 7 ～ 10 cm 高，将其上部剪去，促使它萌发副梢并形成花芽。枝条过密处，应疏去一部分以利于通风透光
	（6）除草	人工除草或使用化学除草，将杂草除净
	（7）病虫防治	根据发生的病虫害喷相应的药剂
6 月	（1）追肥	要先为早熟品种追肥，后为晚熟品种追肥，对弱树、挂果多的树多施肥，对壮树要少施肥；平均每株李树可施硫铵 0.5 ～ 1 kg、过磷酸钙和钾肥各 0.25 ～ 0.5 kg
	（2）灌水	追肥后及时灌水 1 次，待土不黏时，结合除草进行中耕松土
	（3）防治天牛	发现蛀食木质部的天牛，可灌注石硫合剂原液，或用铁丝深扎蛀孔，均能使幼虫致死
	（4）采收	早熟如平顶香、离核李等开始成熟。要求在果实七成熟时开始采收
7 月	（1）防治天牛	人工捕捉天牛成虫
	（2）中耕除草	7 月中旬以前，要将果园内杂草除净，并将杂草用于沤肥

（续表）

时间	作业项目	主要工作内容
7 月	（3）采收	此时，各品种的李相继成熟，要求果实的上色面达到 2/3 即达七成熟时进行采收
	（4）夏剪	第一次摘心后新生的副梢长到 60 cm 左右时摘心。发育枝长到 80 ～ 100 cm 时摘心，或留至副梢处；没有副梢的，可以轻剪，以充实枝条，如过多则应疏去一部分；如果枝条不过密，不妨碍膛内通风透光，则应尽量少疏多控制
	（5）防治病虫	发现病虫害，要及时用相应的药剂防治
8 月	（1）采收	晚熟品种的李成熟，要陆续采收
	（2）中耕除草	李采收完之后，要将园内杂草除净，并运至园外沤肥
	（3）防治病虫	继续防治天牛幼虫，可采取刮皮或向蛀孔内灌药
9 月	（1）夏剪	将后期生长旺盛的枝条上部组织不充实的部分剪去，要注意多保留老叶片
	（2）清洁果园	修剪下来的枝、叶清理干净并运至园外。此时正是浮尘子产卵期，要注意观察和防治
10 月	追肥	新梢完全停止生长时，可以平均每株追施硫铵 1 kg 左右、磷肥 1 ～ 1.5 kg
11 月	（1）施基肥	方法、数量均同春施基肥
	（2）灌冻水	施基肥后要及时灌 1 次透水，水量以渗入土层 33 cm 为准
12 月	（1）树体保护	刮皮、涂白，防治过冬的病虫
	（2）冬剪开始	同 1 月修剪方法

杏

一、主要优良品种

（一）鲜食和加工杏

1. 骆驼黄

原产北京市门头沟区的农家品种。果实除鲜食外，也可加工为罐头、杏脯、杏汁、杏酱等。

果实圆形，在干旱山区，平均单果重 43.0～49.5 g，最大果重 78 g，果顶平圆微凹。果皮底色橙黄，阳面 1/3 暗红晕，果肉桔黄色，汁液多，肉质细，味酸甜。可溶性糖 5.97%～8.48%，可滴定酸 2.04%～3.56%，每 100 g 果肉含维生素 C 5.24～6.36 mg。黏核或半黏核，核为卵圆形，甜仁。

在北京地区 4 月上旬盛花，5 月底果实成熟，果实生长发育期 55 天左右。树势健壮，以花束状和短果枝结果为主。自花不实，较丰产。栽培时必须配置授粉树。可选串枝红、红玉、早甜核、大偏头、红荷包等为授粉品种。

2. 红荷包

原产山东济南郊区的农家品种。果实除鲜食外，也可加工罐头、杏汁和杏脯等。

果实椭圆形，顶部微凹。平均单果重 45 g，最大果重 70 g，缝合线明显，果皮橙黄色，肉质细；果汁中多，味酸甜。可溶性糖 7.8%，可滴定酸 1.83%，每 100 g 果肉含维生素 C 4.07 mg。离核，苦仁。

该品种在北京地区 4 月上旬盛花，5 月底至 6 月上果实成熟，果实生长发育期 56～58 天，以中短果枝结果为主。自花不实，较丰产。栽培时必须配置授粉树，授粉树可选葫芦杏、串枝红等品种。

3. 大玉巴达

原产于北京郊区的农家品种。

果实近圆形，6月上旬成熟。平均单果重43.2～61.5 g，最大单果重81 g，缝合线明显，两侧片肉略不对称，果皮黄白色，味甜酸，果汁多。可溶性糖含量为5.46%～6.5%，可滴定酸1.31%～7.38%，每100 g果肉含维生素C 6.28～7.07 mg。离核、甜仁。

在北京地区，4月上旬盛花，6月上中旬果实成熟，果实生长发育期65天左右。树姿半开张，树势强健，以短果枝和花束状果枝结果为主，较丰产。该品种自花不实，栽培时必须配置授粉树。授粉时可选串枝红等品种。

4. 大偏头

原产甘肃省兰州市郊区的农家品种。

果实圆形，在干旱无水山地平均单果重69.5 g，最大果重98.5 g，缝合线显著中深，两侧片肉不对称。果顶圆顶微凹，果皮底色绿黄，彩色1/2红霞，蜡质中等，茸毛中多，皮较后且韧，难剥离。果肉黄色，近核部位同肉色，汁液较少，肉质细，纤维少，风味甜酸，可溶性固形物13%～16%。离核，核扁圆形，核仁味苦。

在北京地区，4月上旬盛花，6月中旬果实成熟，果实生长发育期68天左右。树势强健，树姿较直立，枝条粗壮，以中短果枝结果为主，丰产。该品种树姿直立，从幼树定植时起就应调整枝条角度，以拉枝为主，并注意尽可能的多培养些中短果枝，以利早期丰产。自花不实，栽培时必须配置授粉树，授粉树可选红荷包、葫芦杏、串枝红等品种。

5. 临潼银杏

原产陕西省临潼县的农家品种。

果实圆形，在干旱山地平均单果重61.5～81 g，最大单果重108 g，缝合线显著中深，两侧不对称。果顶平，果皮底色浅黄白，有少量果面有少量红点。蜡质中少，茸毛中多，皮韧难剥离，果肉白，近核部位肉白，汁液中，成熟后肉质细，属溶质品种，纤维中等，风味酸甜，可溶性固形

225

物 12%，离核，核圆形，仁味甜。

在北京地区，4 月上旬盛花，6 月上中旬果实成熟，果实生长发育期 71 天左右。树势强健，树姿半开张，枝条中庸，以短果枝和花束状果枝结果为主。丰产。自花不实，栽培时必须配置授粉树。授粉树可选串枝红、红金榛等品种。成熟度过高后有裂果现象，所以，采收不宜过迟。

6. 红玉

原产山东的农家品种。

果实长椭圆形，平均单果重 55.7～67.8 g，最大单果重 120.5 g，缝合线显著中深，不对称，果顶平圆，果皮底色桔黄，彩色果面布满红点，蜡质中多，茸毛较少，皮较厚且韧，难剥离。果肉桔黄色，近核部位颜色同肉色，汁液中多，肉质较细，纤维中粗，风味酸甜，含可溶性固形物 15.0%。离核（有时个别果黏核），核扁卵圆形，核仁味苦。

在北京地区，4 月上旬盛花，6 月上中旬果实成熟，果实生长发育期 70 天左右。树势强健，树姿半开张，以短果枝和花束状果枝结果为主。丰产。自花不实，栽培时必须配置授粉树。可选串枝红、杨继元、早甜核为授粉品种。果实易受疮痂病的危害，果实生长期注意喷布杀菌剂，以提高品质。

7. 葫芦杏

原产陕西省淳化县的农家品种。

果实平底圆形，在干旱山地平均果重 84.6 g，最大果重 103.5 g，缝合线两侧片肉略不对称，果顶尖圆，柱头残存较多。果皮底色橙黄，有少部分果有 1/5 红晕，蜡质中多，茸毛中少，果皮中厚，皮脆，难剥离。果肉橙黄色，近核部位同肉色，汁液中少，肉质软、略面。纤维少，风味酸甜，含可溶性固形物 10%～13%，pH 值 4.5。离核，核扁卵圆形，核仁味甜。

在北京地区，4 月上旬盛花，6 月中旬果实成熟，果实生长发育期 67 天左右。树势强健，树姿半开张，以中短果枝结果为主，丰产。自花不实，栽培时必须配置授粉树，授粉树可选骆驼黄、西农 25、大偏头、红玉等品种。

8. 串枝红

原产河北省巨鹿县的农家品种。

果实圆形，果顶一侧凸起，稍斜。平均单果重 54.6～61.6 g，最大果重 76.8 g，缝合线明显，两侧片肉不对称。果皮底色黄，彩色为红霞；果肉橙黄色，果汁中多，肉质较致密，味酸甜。可溶性糖含量 5.61％，可滴定酸 1.66％，每 100 g 果肉含维生素 C 7.46 mg。离核，苦仁。该品种可加工杏罐头、杏脯、杏汁和杏酱，是 1 个以加工为主兼顾鲜食的品种。

在北京地区，4 月上旬盛花，6 月下旬至 7 月上旬果实成熟，果实生长发育期 80 天左右。树势强健，树姿开张，长、中短果枝结果能力均强，极丰产。自花不实，栽培时可选骆驼黄、红玉、杨继元、金玉、早甜核、葫芦杏等为授粉树。

9. 红金榛

原产山东省招远县的农家品种。果实除鲜食外，可加工罐头、杏脯、杏汁等。

果圆形，在干旱山地，平均果重 71.6 g，最大果重 150.6 g，在有肥水的平地，最大单果重达 200 g。缝合线显著中深，两侧片肉不对称，果顶尖圆。果皮底色橙黄，蜡质中等，茸毛较多，皮较厚且韧，难剥离。果肉橙黄色，近核部位颜色同肉色。汁液较多，肉时较细，不溶质，纤维中等，肉味酸甜，含可溶性固形物 12.0％。离核，甜仁。果实可加工罐头、杏脯、杏汁等。

在北京地区，4 月上旬盛花，7 月上旬果实成熟，果实生长发育期 75 天左右。树势强健，树姿半开张，以短果枝和花束状果枝结果为主，丰产。栽培中应注意：该品种自花不实，栽培时必须配置授粉树。授粉品种可选串枝红、大偏头等。

10. 北寨红

原产北京市平谷区南独乐河镇北寨村的农家品种。果实除鲜食外，可加工罐头、杏脯、杏汁等加工品。

果圆形，在干旱山地，平均果重 37.3 g，最大果重 45.5 g，在有肥水的平地，单果重还能够更大些。果顶平圆，果皮底色橙黄，蜡质中等，茸毛中多，皮较厚且韧，难剥离。果肉橙黄色。汁液较多，肉质较细，纤维少，口味酸甜适口。离核，核椭圆形，仁甜。

在北京地区，4 月上旬盛花，7 月上中旬果实成熟，果实生长发育期 78 天左右。树势强健，树姿半开张，以短果枝和花束状果枝结果为主，丰产。自花不实，栽培时必须配置授粉树，可选串枝红等品种为授粉树。

11. 金玉杏

又名山黄杏。原产北京昌平的农家品种。果实除鲜食外，可加工罐头、杏脯、杏汁等加工品。

果圆形，平均单果重 45.3 g，最大果重 70 g。果顶圆，果皮底色橙黄，阳面着片状鲜红晕。果肉橙黄色，肉质细韧，汁中多，纤维中多，有香气，味酸甜。半离核，苦仁。

在北京地区，4 月上旬盛花，6 月中旬成熟，果实生长发育期 70 天左右。树势中庸，树姿半开张，以短果枝和花束状果枝为主，较丰产。自花不实，栽培时必须配置授粉树。授粉品种可选串枝红、杨继元、红玉等。

12. 青蜜沙

原产河北平乡的农家品种。

果圆形，平均单果重 58 g，最大果重 68.6 g。果顶圆平，果皮底色绿白，茸毛中多。果肉淡黄色，味甜多汁，肉质细，香气浓，纤维少。含可溶性固形物 15.8%。离核，苦仁。

在北京地区，4 月上旬盛花，7 月上旬果实成熟，果实发育期 75 天左右。树势强健，树姿直立，以短果枝和花束状果枝为主，极丰产。个别年份有裂果现象发生。自花不实，栽培时必须配置授粉树。授粉品种可选骆驼黄、串枝红等品种为授粉品种。

13. 其他品种

其他在北京地区表现优良的品种见表 13。

表 13　其他鲜食杏优良品种简明性状

品种名	来源或主产地	果形色泽	单果重（g）	露地成熟期（月/旬）	备注
豫早冠	河南农大	圆形、红晕	57.6	5/中	坐果中高、丰产
金太阳	欧洲	近球形、底金黄着红晕	66.9	5/下	花器败育低、耐晚霜
红丰	山西果树所	近圆形、底黄着鲜红色	56	5/下	开花晚、花器败育低早果丰产
新世纪	山西果树所	卵圆形、底橙黄着粉红色	68.2	5/下	自然授粉坐果偏低
金蝉杏	山东莒南县林业局	近圆形、橘黄着红晕	55.2	6/上	花器败育少、花期耐低温、能自花结实
大果杏	山东陵县	平底圆形	66.7	6/上	
曹杏	河南舞钢	圆或卵圆形、深黄色	125	6/上	果大、抗病、甜仁
凯特杏	美国	近圆形	73～105.5	6/中	成花易结果早、坐果高极丰产
甜榛杏	山东沂水	卵圆形、底黄着红晕	60.2	6/中	酸甜可口、自花结实高、丰产
莱西金杏	山东	长圆形、底浅黄着鲜红色	85.3	6/下	花粉多、自花结实高

（二）仁用杏

1. 龙王帽

原产北京市门头沟区汪黄塔及龙王村的农家仁用杏品种。

果实扁卵圆形，果个小，平均单果重 11.7～20 g。缝合线明显，果顶稍尖。果皮底色黄，阳面稍有晕。果肉薄，黄色，果汁少，纤维多，味酸，不易鲜食，可以制干。离核，核为扁卵圆形，核大。出鲜核率 22%～24%，干核率 12.7%～17.6%。干杏核出仁率为 28%～30%。平均单仁重 0.8 g 左右，仁饱满、香甜，仁皮稍带苦味。果仁含可溶性糖 4.22%～5.28%，粗脂肪 51.22%～57.98%，蛋白质 22.2%～25.5%。品质优良。果实生长发育期 85 天左右。树势强健，树姿半开张，以中短果枝结果为主，较丰产。该品种自花不实，栽培时要注意配置授粉树，可选柏峪扁为授粉品种。

2. 一窝蜂

品种起源不详，可能与龙王帽有一定的亲缘关系。

果实扁椭圆形，平均单果重 10～15 g。缝合线较浅，果顶尖。果皮底色黄，阳面有红色斑点；果肉薄、黄色；纤维多，果汁少；味酸涩，不宜鲜食。离核，核仁为长心脏形，饱满，味香甜，核仁皮为棕黄色。果实出鲜核率为 22.6%，出干核率为 17.5%，干核出仁率为 30.7%～37%。平均单仁重 0.6 g 左右。含粗脂肪 59.54%。果实生长发育期 85 天左右。树势中庸，树姿开张；以中短果枝结果为主，极丰产。该品种自花不实，栽培时要注意配置授粉树，可选柏峪扁为授粉品种。

3. 柏峪扁

又称白玉扁，系原产北京市门头沟柏峪村的一个农家仁用杏品种。

果实扁圆形，平均单果重 12.6～18.4 g。果皮黄绿色；果肉淡黄色，肉质粗，纤维多；果汁少，味酸稍涩；不宜鲜食，可晒干。离核，核扁圆形，其纵径 2.69 cm，横径 2.32 cm，侧径 1.23 cm。出鲜核率 22%，出干核率 17.5%。干核出仁率 30.95%，平均单仁重为 0.8 g 左右。核仁扁圆形，仁皮乳白色，核仁饱满，味香甜。含粗脂肪 56.7%。果实生长发育期 85 天左右。树势中庸，树姿开张，以中短果枝结果为主，丰产。该品种自花不实，栽培时应选龙王帽或一窝蜂为授粉品种。

4. 优一

河北省张家口地区林业科学研究所从山甜杏中选出的仁用杏品种。

果实长扁圆形，平均单果重 7.1～9.6 g；果皮黄绿色；果肉淡黄色，肉质粗，纤维多；果汁少，味酸稍涩；不宜鲜食。离核，核长椭圆形。出鲜核率 16%～23%，出干核率 17.8%。单核重 1.7 g 左右，干核出仁率 34.7%～43.8%，平均单仁重为 0.53～0.75 g。核仁长椭圆形，仁皮乳白色，核仁饱满，味甜香。含粗脂肪 53%～57%。果实生长发育期 85 天左右。树势中庸，树姿开张，以中短果枝结果为主。丰产。

该品种自花不实，栽培时应选龙王帽或一窝蜂为授粉品种。该品种是我国目前仁用杏出仁率最高的品种，杏仁味香甜无苦涩味。抗旱、抗寒能力较强。在肥水管理较好的条件下，可以克服单仁重略低和隔年结果的不足。是优良仁用杏品种，尤其可以利用该品种壳薄的特点加工"开心果"。

5. 北山大扁

龙王帽变异系，现在主要分布于河北和北京郊区。

果实扁椭圆形，平均单果重 13.8 g。缝合线较浅，果顶尖。果皮底色浅黄色；果肉薄、黄色；纤维多，果汁少；味酸涩，不宜鲜食。离核，核仁为长心脏形，饱满，味香甜，核仁皮为棕黄色。果实出鲜核率为 21%，干核出仁率为 32%。平均单核重 2.25 g，平均单仁重 0.83 g，仁香甜。果实生长发育期 87 天左右。树势中庸，树姿开张；以中短果枝结果为主，极丰产。该品种栽培时要配置授粉树。幼树修剪时，要多培养中短果枝。抗寒性较强。

二、生态习性

（一）温度

杏树是耐寒的果树，在休眠期能耐 −25～−30℃ 的低温。自然休眠期短，早春稍一回暖杏树即可开始萌动。在土壤温度达到 4～5℃ 时开始生长新根，盛花期平均温度为 7.5～13℃，花芽分化的温度为 20℃ 左右，落叶期 1.9～3.2℃。一般品种花期冻害的临界温度，蕾期期为 −5℃，初花期为 −2.8℃，盛花期为 −2.5℃，落花期为 −2.8℃。幼果期 −1℃ 可以使当年产量受到严重损失。开花期多雨、阴冷或旱风都会妨碍昆虫传粉，造成授粉不良而减产以至绝产。

杏树也能忍耐较高的空气温度，在新疆维吾尔自治区哈密，夏季平均最高温度达 36.3℃，绝对最高温度 43.9℃，直射光下的温度更高，杏树依然能够忍受，且果实品质极佳。但是，在高温、高湿、休眠期短的条件下，果实小，产量低，品质差。

（二）光照

杏树为喜光的树种，光照充足生长结果良好，果实着色好，含糖量增加；光照不足则枝条容易徒长，内部短枝落叶早，易枯死，造成树冠内部光秃，结果部位外移，果实着色差，酸度增加，品质下降。光照条件也影响花芽分化的质量。光照充足则花芽发育充分，质量高；光照不足则花芽分化不良，雌蕊败育花多。栽植过密或放任生长不进行整形修剪的杏树，容易树冠郁蔽和导致光照不足，从而影响果实品质和产量。

（三）水分

杏树具有很强的抗干旱性。在年降水量 400～600 mm 的山区，即便不进行灌溉，也能正常生长结果。这是因为杏树的根系发达，分布深广，可以从土壤深层吸收水分；另一方面，杏树的叶片在干旱时可以降低蒸腾强度，从而延缓脱水，具有良好的保水性能，并且叶片中束缚水和自由水的比值较高，且有耐脱水特性。因此，杏树是我国北方干旱、半干旱地区可供发展的重要经济树种之一。杏树对水分的反应是相当敏感的。在雨量充沛，分布比较合理的年份，生长健壮，产量高，果实大，花芽分化充实；在干旱年份，特别是在枝条迅速生长和果实膨大期，如果土壤过于干旱，则会削弱树势，落果加重，果实变小，花芽分化减少，以至不能形成花芽，导致大小年或隔年结果的发生。果实成熟期湿度过大，会引起品质下降和裂果。

杏树不耐涝。杏园积水 3 天以上就会引起黄叶、落叶，时间再长会引起死根，以致全树死亡；应及时排水、松土。

（四）土壤条件

杏树对土壤的要求不严。除积水的涝洼地外，各种类型的土壤均可栽培，甚至在岩石缝中都能生长。但以在土层深厚肥沃，排水良好的沙质壤土中生长结果最好。杏树的耐盐力较苹果、桃等强。在总含盐量为 $0.1\% \sim 0.2\%$ 的土壤中可以生长良好，超过 0.24% 便会发生伤害。

杏树在丘陵、山地、平原、河滩地都能适应；在华北地区，海拔 400 m 左右的高山也能正常生长。但立地条件不同，树体生长发育状况、果实产量和品质有所差别。风口、风大的山顶容易形成偏树冠，花期不利于昆虫传粉。

三、栽培技术

（一）土肥水管理技术

1. 土壤管理

杏树定植前要全面整地或深挖树穴。通常要求穴深 $70 \sim 80$ cm、直径 100 cm，有条件的换上好土施足底肥，使幼树生长在深厚疏松的土壤中。山坡地应修整成鱼鳞坑、等高壕或梯田，以利保持水土。

定植后应在树周围修 1 个圆形或方形树盘。新栽幼树的树盘直径 $1 \sim 1.5$ m，以后随着树体长大，应深翻扩穴并加大树盘。结合施肥、灌水，每年春、秋各刨 1 次，深 $10 \sim 20$ cm，将树盘加以整修，并加入部分杂草及有机质，以不断提高土壤肥力。山地成龄杏园，连年整修树盘，$10 \sim 40$ cm 土层内的新根数量比无树盘的可增多 2.5 倍，新稍生长量也大。

树盘覆草能保墒，稳定土壤温度，增加土壤有机质，防止杂草滋生，改善根系活动的土壤环境，增强树势，提高产量和品质，是行之有效的增产措施。杏园覆草后由于早春地温稳定，还能推迟开花期，避免晚霜危害。覆草面积应以树冠大小为基准，草厚 $15 \sim 20$ cm，上面压 $2 \sim 3$ cm 厚的土防风，逐年补充，$4 \sim 5$ 年刨翻 1 次。

树盘覆盖地膜有与覆草大致相近的效果，同时还可以有效地防治桃小食心虫和杏仁蜂。覆膜面积以盖住树盘即可。但覆膜过早可以使早春土壤温度上升而提早开花。因此，杏园覆盖地膜易在开花后进行，或在地膜上压盖 2～3 cm 厚的土。

杏树在定植后的 5 年，园内空地比较大，为了充分利用土地，增加经济收入，可留出树盘后在行间种植豆类、瓜类、薯类等矮秆作物，土壤管理可随间作物进行。树长大后则只能清耕或覆草等。

2. 合理施肥

在肥水充足的条件下，可以减少退化花的比例，产量高，品质好，树势强，并延长树的寿命。给杏树施肥应以基肥为主。基肥最好秋施，即 9～10 月结合秋耕尽量早施。早施基肥根系当年就可以吸收利用，对花芽继续分化有利，对第二年开花、坐果及新梢生长都十分有利。基肥以迟效性有机肥为主，应占全年施肥量的 70%～80%。

追肥每年可施 1～2 次速效性无机肥料。果实采收后追施速效性氮肥，以补充结果消耗的营养，可延缓叶片衰老，加强光合作用，改善树体的夏秋季生长，增加营养积累，对提高花芽质量也有明显效果。有条件的杏园，还应在生理落果后果实迅速生长期追肥一次。

根外追肥是将肥料溶解稀释到所需要的浓度，喷洒到叶面、嫩枝上，肥料直接被吸收利用，省肥省水，见效也快。可与防治病虫害喷药一起进行。常用的肥料和浓度是，尿素 0.2%～0.4% 液、过磷酸钙 0.5%～1.0% 液、磷酸二氢钾 0.3%～0.5% 液、硼砂 0.1%～0.3% 液等。生长前期叶片嫩，浓度宜小，后期浓度可大些。

3. 水分管理

在水源缺乏的地区，穴贮肥水施肥法效果很好。具体方法：在树冠下以树为中心，沿树盘埂壁挖深 40 cm 左右、直径 20～30 cm 的穴。用玉米秸、麦秸、杂草捆绑好后放在水及肥混合液中浸泡透，然后装入穴中，在草把周围土中混 100 g 左右的过磷酸钙，草把上施尿素 50～100 g，随即每穴浇水 30～50 kg，用土填实，穴顶留小洼，地面平整，最后用地膜覆盖于树冠下，边缘用土封严，在穴洼处穿 1 孔，以便灌水施肥和透入雨水，孔上压上石头利于保墒和积水。穴的有效期为 2 ～ 3 年。

灌水可结合施肥进行。有条件的杏园，应在落叶后封冻前和果实迅速生长期各灌 1 次水。雨季要注意及时排水防涝。

（二）整形修剪

1. 主要树形及整形

杏树在幼龄时期生长特别旺盛，在整形上采用自然圆头形和疏散分层开心形为最好。

（1）自然圆头形

这种树形，因为修剪量比较小，树冠形成快，一般 3 ～ 4 年即可成形。主枝分布均匀，结果枝多，进入结果期较早，也较丰产。但是，树冠内膛到后期容易空虚。因此，直立性较强的品种采用此种树形，效果较好。

（2）疏散分层形

这种树形的优点是：由于树体结构层次性较强，使树体内膛光照较好，膛内枝组不致于光秃死亡，从而达到立体结果的目的；该树形结果寿命长，进入盛果期后产量也较高。其缺点是成形晚，树偏高，不利于管理和早期丰产。

（3）自然开心形

自然开心形光照条件好，结出果实质量高，树体成形快，有利早期丰产。缺点是整形要花费人物力，幼树要拉枝，盛果期后要吊枝。管理不好，主侧枝基部易光秃。

（4）改良开心形

特点和自然开心形基本相同，其优点是除具有自然开心形的优点外，还能防止主枝基部光秃，有利于早结果和早期丰产。缺点是整形期间较费工。

2. 不同年龄时期树的修剪

（1）幼树和结果初期

苗木栽植定干后，冬季修剪时，选留第一层主枝和中心领导枝（即主干）。由于杏树的发枝力较弱，在1年内不易选出4～5个比较合适的主枝时，可以分2年选定，第一年选2～3个向外伸展、角度适宜的主枝，留60～70 cm短截，并选1个直立向上生长的枝条，在30cm的高度短截。下一年修剪时，再从萌生的分枝中选2～3个枝条，剪留60～70 cm作主枝用。这样就能构成4～5个错落生长的第一层主枝。如果培养成疏散分层开心形，还应选留1个直立向上生长的枝条，剪留60～70 cm逐渐培养成中心领导枝。以后，根据整形的标准，逐年选留和培养中心领导枝、主枝、侧枝和各类枝组。

杏树幼树的修剪，主要是剪截主、侧枝的延长枝和发育枝，疏除密挤枝，以利整形和扩大树冠。小枝最好不加修剪，以便形成花芽，提早结果。幼龄树生长旺盛，须掌握"长枝多去、短枝少去"的原则。延长枝一般可剪去当年生长量的1/4～1/3，使各主枝的生长势保持平衡。

杏树在幼龄和结果初期，最容易发生强枝，尤其在主枝弯曲或平伸处抽生的直立强枝更多，如不加以处理最易扰乱树形，阻碍主、侧枝的生长发育。因此，要及早疏除。长果枝或生长中庸的枝条过密或位置不当也须适当疏间，使各枝稀密适中，互不干扰，以保证通风透光良好。

（2）盛果期

进入盛果期后，生长势有所缓和，对延长枝和发育枝应适当加重短截，按"强枝少剪、弱枝多剪"的原则，灵活掌握，一般可剪去当年生长量的1/3～1/2。发育枝和延长枝经过适当剪截后，顶端能够发出健壮的新梢，下部能够形成果枝，花芽分化良好。如果剪截过轻，虽然下部能够形成较多的果枝，但顶端新梢较弱，使营养生长与结果之间失去平衡，树势易衰。也不能剪截过重，否则，上部发出强枝较多，下部却不易形成果枝，同样会影响产量。杏树发枝力比较弱，不是过密的枝条，最好不要疏间，而应采取回缩短截的方法，来促使枝条生长和形成花芽，以便增多结果面积，提高产量。

（3）衰老期

杏树的果枝寿命比较短，在细弱的枝条上，不易形成花芽，就是有花芽，结实能力也很低。因此，在枝条生长势转弱的时候，就应该及时进行更新修剪。最有效的更新方法，是大枝回缩修剪，促其抽生新的发育枝和结果枝。根据植株的衰老情况，在主枝或侧枝的中部缩剪，以刺激潜伏芽萌发，选留培养健壮枝，重新形成树冠，如果主枝的基部或中部有徒长枝，也可以在徒长枝部位以上更新。在衰老树内膛发生的徒长枝，应尽量保留，适当短截，促其抽生结果枝，以防树膛内部空虚。致于仁用杏品种，主、侧枝的修剪方法与鲜食品种大体一样，但鲜果用种要求果肉肥厚，结果枝的留量不应过多。而仁用杏品种，可在保证树势健壮的情况下，尽量多留结果枝，对发育枝可以重截，使其不断抽生新梢，多形成果枝，多结果。这样果实虽小而核仁饱满，产量较高。

（三）花果管理

1. 促花技术

喷施 PP333 对杏树具有控长、促花、早果、丰产的作用。在 6 月上旬离主干 30 cm 处挖浅沟，每株均匀施入 0.33 克混有沙子的 PP333，或在 5 月末和 6 月上旬间隔 10 天连续喷 2 次可湿性粉剂，可显著抑制树体生长，增加花芽数量和单果重量，可在幼旺杏园试用。

2. 提高坐果率

配置授粉树和人工辅助授粉可以提高坐果率。授粉的方法是：采摘授粉品种的待开花和初开尚未散粉的花，取下花药，在 20 ～ 25℃干燥的室内阴干收集花粉，装入小瓶。授粉时，用纸捻、小棉团棒或削尖的铅笔橡皮头蘸取花粉，向柱头点授。授粉任务大时，为节约花粉，可用 5 倍的滑石粉等将花粉稀释。人工授粉虽然费工，但效果很好，可提高坐果率 1 倍以上。在盛果期喷 0.1% ～ 0.3% 的硼砂液，也有提高坐果率的作用。秋季（9—10 月）喷的赤霉素或 0.5% 的尿素，可使落叶时期推迟

8～12天，提高坐果率。

3.疏花疏果

疏花疏果有利于克服果树大小年现象、增大果个、改善果形、提高果实品质。

杏树疏花、疏果通常在大年里进行，最好在花芽萌发前结合冬剪，短截部分多余的花枝。

疏果措施应在杏第二次自然落果后（盛花后15～20天）进行。采用人工手疏或化学疏除。确定留花留果量通常按叶果比、枝果比、主干横截面积和果实间距等多种方法。留果量的多少根据果实大小、树势、肥水条件和修剪情况的不同而变化。一般大果型品种、树势弱、肥水条件一般和修剪较轻者应少留果，反之可适当多留。结果生长正常的杏树按照枝果比确定留果量时，一般花束状果枝和短果枝每枝留1～2个果，中果枝3～4个，长果枝4～5个。每果枝留果多少应根据果枝的密度和所占空间而定。采取叶果比的方法疏果时，一般树冠上部的枝条叶果比为25：1，中下部枝条叶果比为30：1。生产上常按照"看树定产，分枝负担，留果均匀"的原则确定留果量。

疏花疏果可尽早进行，但要留有余地，待自然落果后再定果，定果后所留果量是最终留果量。

4.预防花期霜冻

与桃树相比，杏的花期较集中，但花的开放依然有早晚之别。杏花量多，一株7年生玉巴达杏的花量达8 665朵，一株成年的关爷脸杏花量达18 786朵，坐果率仅2%～3%。为了有效地使用贮藏养分，进行冬季修剪和花期疏除晚花，可以促进坐果和梢、叶、根的生长。

在西北及华北地区杏盛花期为3月下旬至4月上旬，正值晚霜频繁之际，晚霜冻害被看成是杏树生产发展中最突出的限制因子。但据山东各地群众经验"不怕急寒怕慢阴"，认为在花期有短时间低温对坐果影响不大，而长时间雾大潮湿阴冷则会产生大幅度减产。

预防霜冻可从以下几方面着手。

① 选择春季温度上升较迟的地点建园。据涿鹿县杨家坪林场材料，海拔每升高 100 m，花期推迟 5 天；② 选用花期较迟或耐低温的品种；③ 加强土、肥、水管理并保护叶片，以提高树体的营养水平，增强对低温的抗性；④ 花期及幼果期于霜冻前及时灌水；⑤ 采取技术措施延迟花期，例如早春树体喷石灰液（5% ～ 10%，加用展着剂）可推迟花期 3 ～ 4天，芽膨大期喷青鲜素（MH）能推迟花期 4 ～ 6 天，并使 20% 以上的花芽免受霜冻、获得良好收成。以上措施可通过试验酌情采用；⑥花期低温延续时间较长，雾大阴冷时，及时采取人工辅助授粉。

5. 果实采收

鲜用及鲜食加工兼用杏果不耐贮运，须在七八分成熟时采收，采果时尽量减少碰伤。现有的苹果和梨等的包装筐不适于杏的包装。最好使用高度不超过 20 cm 的扁平条筐或木箱，以减少挤压。

杏成熟期比较集中，又常与麦收同时，常感劳力不足。大面积栽培中必须做到：① 严格选择和搭配品种，排开成熟期，减少采收压力；② 按加工、鲜食需要，分期采收。

仁用杏的采收，只要生产群体中品种较纯，成熟期一致，至今仍用人工打落法，今后可用机械采收。我国苦杏仁一向以品质好而闻名国外，为了避免杏仁质量下降，应注意杏园管理，增强树势，适时采收，及时晾晒杏核，减少内霉。此外，由于品种混杂，杏核大小不一，使用机械破壳时，杏仁破碎率高，除注意破壳前筛选分级以外，还必须注意仁用杏生产品种化。

杏果实达到采收成熟度时即可采收。此时的标志是杏果达到了品种所固有的大小，果面由绿色转为黄绿色，果实的向阳面呈现出品种所固有的色调和色相，果肉仍保持坚硬，但营养物质的积累已经达到了足够的程度。用于远销外地和出口的杏果，应当于此时采收，以便有足够的时间进行包装和运输，当到达消费市场时，果实品质也达到了最佳状态。而用于当地市场消费，特别是用于鲜食的杏果，应当等果实达到消费成熟度时再采收，此时，杏果不仅在外观上达到了品种所固有的大小和颜色，也出现了品种所固有的风味和香气，果肉由硬变软。一般消费成熟度晚于采收成熟度之后 3～5 天。在有良好的运输条件和接近市场的情况下，应当尽量在果实达到消费成熟度时采收，因为此时采收可以有更大的果实质量和更好的果实品质，更为消费者所欢迎。在运输条件较差的情况下（道路崎岖不平，运输工具不良），则宜提前到采收成熟度时采收，以减少损失。

四、病虫害防治技术

（一）病害

1. 杏疔病

又称杏疔叶病，叶柄病，红肿病等。主要危害新梢、叶片，也有危害花或果的情况。

（1）症状

杏树新梢染病后，生长缓慢或停滞，节间短而粗，病枝上的叶片密集而呈簇生状。表皮起初为暗红色，后为黄绿色，病叶上有黄褐色突起的小粒点，也就是病菌的孢子器。叶片染病后，先由叶脉开始变黄，沿叶脉向叶肉扩展，叶片由绿变黄至金黄，后期呈红褐色、黑褐色，厚度逐渐加厚，为正常叶的 4～5 倍，并呈革质状，病叶的正、反面布满褐色小粒点。到后期病叶干枯，并挂在瘴上不易脱落。果实染病后，生长停滞，果面有黄色病斑，同时也产生红褐色小粒点，后期干缩脱落或挂在树上。花朵受害后，萼片肥大，不易开放，花萼及花瓣不易脱落。

（2）发病规律

病菌以子囊在病叶中越冬。挂在树上的病叶是此病主要的初次侵染源，春季子囊孢子从子囊中放射出来，借助风雨或气流传播到幼芽上，遇到适宜的条件，即很快萌发侵入。随幼枝及新叶的生长，菌丝在组织内蔓延，5 月间呈现症状，到 10 月间病叶变黑，并在叶背面产生子囊壳越冬。此病 1 年只发生 1 次、没有第二次侵染、发病。

（3）防治方法

杏疔病只有初次侵染而无再侵染，在发病期或杏树发芽前，彻底剪除病梢，清除地面的病叶，病果集中烧毁或者深埋，是防治此病的最有效方法，连续进行 3 年，可基本将此病消灭。如果清除病枝、病叶不彻底，可在春季萌芽前，喷密度 1.03 g/L 的石硫合剂，或在杏树展叶时喷布 1～2 次 1∶1.5∶200 波尔多液，其防治效果良好。

2. 杏流胶病

杏流胶病，又称瘤皮病或流皮病。我国南北方杏产区都有不同程度的危害。该病对杏树影响很大，轻则枝条死亡，重则整株枯死。

（1）症状

主要危害枝干和果实。枝干受侵染后皮层呈疣状突起，或环绕皮孔出现直径 1～2 cm 的凹陷病斑，从皮孔中渗出胶液。胶先为淡黄色透明，树脂凝结渐变红褐色。以后皮层及木质部变褐腐朽，其他杂菌开始侵染。枯死的枝干上有时可见黑色粒点。果实受害也会流胶。果实受害多在近成熟期发病，初为褐色腐烂状，逐渐密生黑色粒点，天气潮湿时有孢子角溢出。

（2）发病规律

病菌主要在枝干越冬，雨水冲溅传播。病菌可从皮孔或伤口侵入，日灼、虫害、冻伤、缺肥、潮湿等均可促进该病的发生。

（3）防治方法

首先应加强栽培管理，增强树势，提高树体抗性。其次，为减少病菌从伤口侵入，可对树干涂白加以保护。休眠期刮除病斑后，可涂赤霉素的 100 倍液或密度 1.03 g/L 的石硫合剂防治。生长季节，结合其他病害的防治用 75% 百菌清 800 倍液，甲基托布津可湿性粉剂 1 500 倍液，异菌脲可湿性粉剂 1 500 倍液，腐霉利可湿粉剂 1 500 倍液喷布树体。流胶病斑被刮干净后，用 0.2% 的龙胆紫和 50 倍的菌毒清混合液或腐殖酸液涂抹可以治愈流胶病。

3. 杏疮痂病

杏疮痂病，又称黑星病。发病严重者造成果实和叶片脱落，一般情况下果面粗糙，出现褐色圆形小斑点，严重者斑点可连成片状，果实成熟时，褐色病斑龟裂，失去商品价值，尤其在"红玉"品种上表现明显。

（1）症状

危害叶片和枝梢等，也危害果实。果实发病产生暗绿色圆形小斑点，果实近成熟时变成紫黑色或黑色。病斑侵染仅限于表层，随着果实生长，病果发生龟裂。枝梢被害呈现长圆形褐色病斑，以后病部隆起，常产生流胶。病健组织明显，病菌仅限于表层侵染。次年春季，病斑变灰产生黑色小粒点。叶片发病在叶背出现不规则形或多角形灰绿色病斑，以后病部转褐色或紫红色，最后病斑干枯脱落，形成穿孔。

（2）发病规律

病菌在病枝梢上越冬，次春孢子经风雨传播侵染。病菌的潜育期很长，一般无再侵染。多雨潮湿利于病害的发生。春季和初夏降雨是影响疮痂病发生的重要条件。一般中晚熟品种易感病。

（3）防治方法

萌芽前喷布密度为 1.03 g/L 石硫合剂或 500 倍五氯酚钠。花后喷密度为 1.0 g/L 石硫合剂，0.5∶1∶100 硫酸锌石灰液及 65% 代森锌 600 ～ 800 倍液。生长后期结合其他病害的防治喷 70% 百菌清 600 倍液；或甲基托布津可湿性粉剂 1 000 倍液。结合冬剪，可剪掉病枝集中烧毁。此外，应加强栽培管理，提高树体抗性；还要合理修剪，保证光照充足，防止树体郁闭。

4. 杏细菌性穿孔病

此病可致大量落叶，削弱树势，降低产量。

（1）症状

危害叶片、果实和枝条。叶片受害初期，呈水浸状小斑点，后扩大为圆形、不规则形病斑，呈褐色或深褐色，病斑周围有黄色晕圈。以后病斑周围产生裂纹病斑，脱落形成穿孔。果实上病斑呈暗紫色凹陷，边缘水浸状。潮湿时，病斑上产生黄白色黏分泌物。枝条发病分春季溃疡和夏季溃疡。春季溃疡发生在上1年长出的新梢上，春季发新叶时产生暗褐小疱疹，有时可造成梢枯。夏季溃疡于夏末在当年生新梢上产生，开始形成暗紫色水浸状斑点，以后病斑呈椭圆形或圆形，稍凹陷，边缘水浸状，溃疡扩展慢。

（2）发病规律

由细菌引起。春季枝条溃疡是主要初侵染源，病菌借风雨和昆虫传播。叶片通常5月间发病。夏季干旱病情发展缓慢，雨季又可侵染。此病在温暖、降雨频繁或多雾季节发生，品种之间抗性差异大。

（3）防治方法

新建杏园要选好建园地和栽培品种，杏园建好后要加强果园管理，多施有机肥，合理使用化肥，合理修剪，适当灌溉，及时排水，以增强树势，提高树体抗病能力。发芽前，可喷1：1：120的波尔多液或密度为1.02～1.03 g/L石硫合剂；展叶后叶喷密度为1.0 g/L石硫合剂防治。5—6月喷硫酸锌石灰液1：4：240，用前应先做试验，以免发生药害；也可用65%代森锌可湿性粉剂500倍液防治。

5. 杏褐腐病

又名菌核病，一般温暖潮湿的地区发病较重，干旱地区较轻。可引起果园大量烂果、落果，贮运期间可继续传染，损失很大。除危害杏外，还危害桃、李、樱桃等核果类果树，偶尔可侵染梨、苹果等。

（1）症状

危害花、叶、枝梢及果实，果实受害最重。果实自幼果至成熟均可受害，而以接近成熟和成熟、或贮运期受害最重。最初形成圆形小褐斑，迅速扩展至全果。果肉深褐色、湿腐，病部表面出现不规则的灰褐霉丛。以后病果失水形成褐色至黑色僵果。花器受害变褐枯萎，潮湿时表面生出灰霉。嫩叶受害自叶缘开始，病叶变褐萎垂。枝梢受害形成馈疡斑，呈长圆形，中央稍凹陷，灰褐，边缘紫褐色，常发生流胶，天气潮湿时，病斑上也可产生灰霉。

（2）发病规律

病菌主要在僵果和病枝上越冬，次年春天产生大量孢子，借风雨传播，也可虫传，贮运期间，病健果直接接触也可传染。若花期和幼果期遇低温多雨，果实成熟期温暖、多云多雾、高湿度的环境，则发病重。

（3）防治方法

结合冬剪剪除病枝病果，清扫落叶落果集中处理。田间应及时防治害虫。果实采收、贮运时要尽量避免碰伤。此外，芽前喷布密度为 1～1.02 g/L 石硫合剂；春季多雨和潮湿时，花期前后用 50% 速克灵 1 000 倍液或苯来特 500 倍液，或用甲基托布津 1 500 倍液，或用 65% 可湿性代森锌 500 倍液喷撒防治；也可在采前用上述药剂或百菌清 800 倍液防治。

6. 杏日灼病

（1）症状

指由于日光暴晒引起的果实失水、萎蔫、坏死。果实被晒部分先出现皱缩和黄褐色斑块，进而水渍状、变褐下陷。

（2）发病规律

日灼病大多因树势衰弱、营养水分供给不足、果实暴露或短期供水失调而发生。果实发育的各个时期均有发病，多发生在无叶片遮盖的向阳面。果实近成熟时连续阴雨后突然高温暴晒极易发病。不同品种对此病抗性差异较大。

（3）防治方法

① 建园时应选择对日灼病抗性强的品种；② 科学管理，增强树势，提高树体抗病性；③ 夏季烈日暴晒期可喷布 200 倍石灰水。

（二）虫害

1. 杏仁蜂

又称杏核蜂，雌成虫体长 6 mm 左右，翅展 10 mm 左右。头大、黑色，复眼暗赤色。

（1）症状

主要危害杏果实和新梢，有时也危害桃果实。幼虫蛀食果仁后，造成落果或果实干缩后挂在树上，被害果实新梢也随之干枯死亡。

（2）发生规律

1年发生1代，主要以幼虫在园内落地杏、杏核及枯干在树上的杏核内越冬越夏。也有在留种的和市售的杏核内越冬的幼虫。4月老熟幼虫在核内化蛹，蛹期10余天，杏落花时开始羽化，羽化后在杏核内停留一段时间，成虫咬破杏核成一圆形小孔爬出，1～2小时后开始飞翔、交尾。雌虫产卵于核未硬化的小果的杏肉与杏仁之间，每杏1粒，幼虫一直在杏仁肉内过夏、越冬。来年再羽化出核，如此循环危害杏果。

（3）防治方法

① 加强杏园管理，彻底清除落杏、干杏。秋冬季收集园中落杏、杏核，并振落树上干杏，集中烧毁，可以基本消灭杏仁蜂；② 结果杏园秋冬季耕翻，将落地的杏核埋在土中，可以防止成虫羽化出土；③ 用水选法淘出被害杏核。被害杏核的杏仁被蛀食，比没受害的杏核轻，加工时用水浸洗，漂浮在水面的即为虫果，淘出后应集中销毁；④ 在成虫羽化期，地面撒3%辛硫磷颗粒剂，每株250～300 g，或用25%辛硫磷胶囊，每株30～50 g，或用50%辛硫磷乳油30～50倍液，撒药后浅耙地，使药土混合；⑤落花后树上喷布20%速灭杀丁乳油或20%中西杀灭菊酯乳油3 000倍液，消灭成虫，防止产卵。

2.桑白蚧及其防治

又名桑盾蚧、桃白蚧，俗称树虱子。桑白蚧的雌成虫为橙黄色，虫体长约1 mm，宽卵圆形，扁平。

（1）症状

树体皮层受害后坏死，严重受害的枝干皮层大部坏死后，整个枝干即枯死。危害时以雌成虫和若虫群集固定在枝条上吸食汁液，小枝到主枝均可受害，其中，2～3年生枝受害最重，发生严重时，整个枝条被虫体覆盖，远看很像涂了一层白色蜡质物。被害处由于不能正常生长发育而凹陷，因此，受害枝条的皮层凹凸不平，发育不良，受害严重的枝条往往出现干枯，直至死亡。

（2）发生规律

桑白蚧每年发生的代数因地区而异。北京、天津、河北等地1年发生2代，以受精的雌成虫在枝条上越冬。越冬的雌成虫于4月下旬至5月下旬产卵，5月上旬为产卵盛期。卵从5月初开始孵化，约经1周，孵化率达90%，孵化后的若虫自母体壳下爬出，在枝条上寻找适当的地方固定下来，经5～7天开始分泌棉絮状蜡粉，覆盖在体上。若虫经1次脱皮后，继续分泌蜡质物，形成介壳，到6月中下旬发育为成虫，又开始产卵。第二代若虫孵化盛期在8月上旬，到9月初发育为第二代雌成虫，经交尾后以受精雌成虫在枝干上越冬。

雄虫的幼虫期为2龄，第二次脱皮后变为前蛹期，再经蛹期后羽化为有翅的雄成虫。第一代雄成虫于6月中旬开始羽化，羽化期很集中，雄成虫的寿命仅1天左右，羽化后就交尾，不久便死亡。

桑白蚧的天敌种类不少，如捕食性的红点唇瓢虫和寄生性的软蚧蚜小蜂等。在自然条件下，对桑白蚧均有一定的防治作用。

（3）防治方法

对桑白蚧的防治应采取果树休眠期和生长期的药剂防治与保护，利用天敌相结合的综合措施。① 结合冬季和早春的修剪和刮树皮等措施，及时剪除被害严重的枝条，或用硬毛刷清除枝条上的越冬雌成虫。将剪下的虫枝集中烧毁；② 在杏树休眠期，进行药剂防治，消灭树体上的越冬雌成虫是压低虫口基数的主要措施。即在早春发芽前喷5%石油乳剂，或喷密度为1.03 g/L石硫合剂，也可喷布3%的石油乳剂0.1%二硝基酚，防治效果均好；③ 生长期的防治，即第一、第二代若虫孵化的初、盛末期（也就是当卵孵化30%和60%时）各喷布1次下列药剂中的1种，就可以有效地消灭若虫。0.3° Bé 石硫合剂；45%马拉硫磷乳油800倍液；50%辛硫磷乳油1 000倍液；40%乐果乳油1 000倍液；25%西维因可湿性粉剂500倍液；④ 雄成虫羽化盛期，喷布50%敌敌畏乳油1 500倍液，可以大大消灭雄成虫。

3. 桃红颈天牛

桃红颈天牛，成虫体长 26～27 mm。体壳黑色，前胸背面棕红色或全黑色，有光泽。背面具瘤突 4 个，两侧各有刺突 1 个。

（1）症状

危害桃、杏、李子、樱桃等核果类果树及多种林木，以蛀食枝干为主。幼虫常于韧皮部与木质部之间蛀食，近于老熟时进入木质部危害，并作蛹室化蛹。严重者整株枯死。

（2）发生规律

每 2 年 1 代，以不同龄的幼虫在树干内越冬。成虫 6—7 月出现，晴天，中午多栖息在树枝上，雨后晴天成虫最多。幼虫在韧皮部与木质部之间危害，当年冬天滞育越冬。翌年 4 月开始活动，在木质部蛀不规则的隧道，并排出大量锯末状粪便，堆积在寄主枝干基部。5—6 月危害最甚。第三年 5—6 月，幼虫老熟化蛹，蛹期 10 天，然后羽化为成虫。

（3）防治方法

① 6—7 月成虫出现时，可用糖：酒：醋 = 1：0.5：1.5 的混合液，诱集成虫，然后杀死；也可采取人工捕捉方法；② 虫孔施药，有新虫粪排出的孔，将虫粪除掉，放入 1 粒磷化铝（0.6 片剂的 1/8～1/4）；然后用泥团压实；③ 成虫发生前树干涂白，防止成虫产卵；④ 及时除掉受害死亡树。

4. 桃粉蚜及其防治

桃粉蚜，又名桃大尾蚜。无翅胎生雌蚜长椭圆形，淡绿色，体被白粉。有翅蚜头胸部黑色，腹部黄绿或橙绿色，体背白蜡粉，腹管短小。若虫形似无翅胎生雌蚜，但体上白粉少。

（1）症状

成、若蚜刺吸叶片，使叶面着生白蜡粉并向背面对合纵卷。蚜虫蜜露常引起霉病，使枝叶墨黑。

（2）发生规律

每年发生 20～30 代。以卵在桃、杏等芽腋、芽鳞裂缝等处越冬。

山桃、杏花芽萌动时越冬卵开始孵化。5月危害最重，6月蚜虫逐渐迁至蔬菜、烟草等植物上危害、繁殖，10月中旬以后飞回桃树上交尾产卵。

（3）防治方法

① 药剂防治：开花前用50％对硫磷乳剂2 000倍液；或谢花后用40％乐果乳剂1 500倍液；或20％敌虫菊酯乳油3 000倍液防治；② 天敌控制：七星瓢虫、异色瓢虫、草蛉、食蚜蝇等都是其天敌。花前天敌还没出蛰，仅食蚜蝇成虫已活动，可施用农药治蚜，以后避免反复喷药，可保护、利用天敌治蚜。

5.李小食心虫

李小食心虫，又名李小蠹蛾，简称"李小"。成虫体长6～7 mm，翅展11.5～14 mm，体背面灰褐色，前翅前缘有18组不很明显的白色钩状纹。老熟幼虫体长12 mm，玫瑰红或桃红色，腹面色浅，头和前胸背板黄褐色，上有20个深褐色小斑点。

（1）症状

主要分布于东北、华北、西北各果产区。主要危害李、杏、樱桃等。以幼虫蛀果危害，蛀果前在果面上吐丝结网，幼虫于网下啃咬果皮再蛀入果内。不久，从蛀入孔流出果胶，往往造成落果或果内虫粪堆积成"豆沙包"，不能食用，严重影响杏果产量和质量。

（2）发生规律

一年发生2～3代，以老熟幼虫在树冠下距离树干35～65 cm处，深度为0.5～5 cm的土层中作茧越冬，少数在草根附近，石块下或树皮缝隙结茧越冬。当花芽萌动时，越冬幼虫出土，初花期，越冬幼虫开始化蛹，蛹期22天。开花期成虫开始羽化产卵，卵期5～7天，卵多产在果面上，孵化后吐丝结网并蛀入果内，被害果停止生长，随后脱落，幼虫随果落地、入土。大约1个月后出现第一代成虫，以后世代重叠，到9月下旬，第三代幼虫老熟入土作茧越冬。

（3）防治方法

① 加强杏园管理，及时消除落地果，可集中烧毁或深埋。春季翻耕树盘，以消灭越冬幼虫；② 成虫发生期，喷布50％杀螟松乳油1 500

倍；或用 2.5% 溴氰菊酯乳油 3 000 ～ 4 000 倍液，20% 杀灭菊酯乳油 4 000 ～ 5 000 倍液，连续喷布两次；③ 利用成虫的趋光性和趋化性，进行灯光诱杀或糖醋诱杀。

6. 杏象甲

又称杏象鼻虫，桃小象虫，俗称杏狗子。成虫体长 7 ～ 8 mm，紫红色，有金属光泽。有 1 根细长的管状口器，约为体长的一半，故名为象鼻虫。

（1）症状

主要危害杏、桃，也危害李、梅、樱桃、苹果和梨等。以成虫取食芽、嫩枝、花和果实，成虫产卵在幼果内，并咬伤果柄，幼虫在果内蛀食，致使被害果早期脱落，造成减产。

（2）发生规律

杏象甲每年发生 1 代。以成虫在土内越冬，也有的在树干粗皮裂缝内或杂草根际处越冬。到次年春天，杏、桃开花时、杏象甲出蛰活动，到树上咬食嫩芽、嫩叶和花蕾，当受惊吓时虫体则假死落地。5 月中下旬开始产卵，产卵前要先将幼果咬 1 小孔洞，再将其产卵器插入孔内，产 1 粒卵，然后用粘液覆盖孔洞，粘液干后呈黑点，并将果柄咬伤。孵化后幼虫即在果内食果肉和果核，造成幼果脱落。幼虫老熟后从果内爬出并入土化蛹，到秋末羽化为成虫越冬。

（3）防治方法

① 在成虫出土期，3 月底至 4 月初的清晨振动树体，利用其假死性进行人工捕杀成虫；② 及时拣拾落果，集中烧毁或深埋，消灭幼虫；③ 在成虫发生期，喷布 90% 敌百虫 600 ～ 800 倍液，或用 50% 敌敌畏乳油 1 000 倍液，每隔 10 ～ 15 天喷 1 次，连续喷 2 ～ 3 次即可。

五、周年管理历

杏树周年管理历见表 14。

表 14　杏树周年管理历

时期	作业项目	管理工作内容及具体要求
3月下旬至4月上旬（开花萌芽期）	灌萌芽水	早春土壤解冻后，及时进行灌水
	中耕除草	
	花期追肥	在花芽膨大期，追施速效肥，以补充树体营养，促使花芽开放整齐一致，施肥后，立即浇透水 在花期、喷布0.2%尿素溶液加0.2%硼砂溶液，以提高坐果率
	人工授粉	授粉树缺乏时，可进行人工授粉
	病虫害防治	开花前，对树体喷布25%辟蚜雾可湿性粉剂300倍液，或20%灭扫利乳油3 000倍液，也可在枝干上涂药环，防治蚜虫
4月中旬至5月新梢旺长及果实发育期	叶面施肥	喷洒1次0.2%尿素溶液和0.3%磷酸二氢钾溶液
	预防病虫害	落花后，及时喷药，防治红蜘蛛和蚜虫等。新梢开始旺长后，注意防治金龟子、蚜虫、食心虫，可用80%敌敌畏1 500倍液或敌杀死2 500倍液或20%速灭杀丁3 000倍液
	及时追肥、施肥	在幼果膨大期，谢花后15～20天，施速效氮肥，如尿素、碳酸氢铵等，促进果实膨大
	浇水、中耕	施肥后立即浇水，促进肥料的吸收。 浇水后，及时中耕除草，保持地表土壤疏松无杂草
	生长季修剪	进行生长季修剪，对结果枝组和辅养枝进行环剥以提高坐果率
6月新梢生长期	浇水	土壤干旱时，及时浇水，保持土壤湿润
	采收	早熟品种在6月下旬成熟即可采收
	防治病虫害	继续防治病虫害。捕捉红颈天牛，防治毛虫、桃小食心虫、杏仁蜂等，用20%速灭杀丁3 000倍液或50%辛硫磷1 000倍液

（续表）

时期	作业项目	管理工作内容及具体要求
7—8月花芽分化期	中耕除草	要及时中耕除草，防止杂草丛生
	继续进行生长季修剪	杏果采收后，对生长过盛的大枝，要尽量拉平，以缓和生长势，促进成花
	叶面喷肥	杏果采收后，进行叶面施肥，提高树体营养，促进花芽分化
	防治病虫害	继续进行病虫害防治，保叶。捕捉红颈天牛，防治刺蛾、卷叶虫、穿孔病等
9—10月新梢第二次生长期	叶面喷肥	叶面喷布 0.2%～0.3% 尿素溶液和 0.2%～0.3% 磷酸二氢钾溶液，给叶片增加营养，以延长叶片进行光合作用的时间
	秋施基肥	在采收果实后至落叶前，将冠下的土地深翻一遍，深度为 25 cm，同时采用条状沟施肥法或环状沟施肥法，施入厩肥或堆肥和绿肥
9—10月新梢第二次生长期	灌冻水	深翻和施基肥后，即灌防冻水，以保土壤防寒
11月至翌年3月中旬休眠期	冬剪	不同龄期不同品种采用不同的修剪方法
	清园及树体管理	清理园里枯枝落叶及病残枚集中烧掉 树干涂白 杏树发芽前，喷布 1 次 3°～5° Bè 石硫合剂

参考文献

［1］北京市园林绿化局果树产业处．北京市果树产业发展战略调研报告［R］，2009．

［2］北京市质量技术监督局．北京市地方标准．梨无公害生产综合技术标准（DB11/T 079-2005）．

［3］北京市质量技术监督局．北京市地方标准．板栗无公害生产综合技术标准（DB11/T 080-2005）．

［4］北京市质量技术监督局．北京市地方标准．果树苗木生产技术（DB11/T560-2008）．

［5］北京市质量技术监督局．北京市地方标准．苹果无公害生产综合技术标准（DB11/T 332-2005）．

［6］北京市质量技术监督局．北京市地方标准．葡萄无公害生产综合技术标准（DB11/T 431-2007）．

［7］北京市质量技术监督局．北京市地方标准．柿子无公害生产综合技术标准（DB11/T 330-2005）．

［8］北京市质量技术监督局．北京市地方标准．桃无公害生产综合技术标准（DB11/T 331-2005）．

［9］北京市质量技术监督局．北京市地方标准．樱桃无公害生产综合技术标准（DB11/T 081-2005）．

［10］北京市质量技术监督局．北京市地方标准．枣无公害生产综合技术标准（DB11/T 329-2005）．

［11］董启凤．中国果树实用新技术大全（落叶果树卷）［M］．北京：中国农业出版社，1998．

［12］董清华．草莓优质高效栽培［M］．北京：知识产权出版社，2001．

［13］河北农业大学．果树栽培学各论［M］．北京：中国农业出版社，1999．

［14］贾克礼，等．杏树栽培［M］．北京：中国农业出版社，1990．

[15] 孔云，沈红香，关爱农，等. 多彩园艺装饰家. 北京：机械工业出版社，2012.

[16] 孔云，沈红香，姚允聪，等. 玉巴达杏花芽形态分化时期和芽体特征变化 [J]. 北京农学院学报，2006，21（1）：38-40.

[17] 孔云，姚允聪，王绍辉，等. 家庭园艺装饰与养护 [M]. 北京：化学工业出版社，2009.

[18] 李道德. 果树栽培 [M]. 北京：中国农业出版社，2001.

[19] 李光晨. 园艺植物栽培学 [M]. 北京：中国农业大学出版社，2001.

[20] 李良瀚. 鲜食葡萄优良品种及无公害栽培技术 [M]. 北京：中国农业出版社，2004.

[21] 李绍华，罗正荣，刘国杰. 果树栽培概论 [M]. 北京：高等教育出版社，1999.

[22] 马焕普，等. 李杏三高栽培技术 [M]. 北京：中国农业大学出版社，1998.

[23] 马之远. 桃优良品种及无公害栽培技术 [M]. 北京：中国农业出版社，2003.

[24] 石雪晖. 葡萄优质丰产周年管理技术 [M]. 北京：中国农业出版社，2002.

[25] 史传铎. 樱桃优质高产栽培新技术 [M]. 北京：中国农业出版社，1998.

[26] 束怀瑞. 果树栽培生理学 [M]. 北京：农业出版社，1993.

[27] 束怀瑞. 苹果学 [M]. 北京：中国农业出版社，1999.

[28] 唐粱楠. 草莓无公害高效栽培 [M]. 北京：金盾出版社，2004.

[29] 王田利. 李树周年管理技术 [J]. 河北果树，2003（5）.

[30] 王豫. 苹果树不同年龄时期的修剪技术要点 [J]. 青海农技推广，2008（1）：32-33.

[31] 王中英. 果树学概论 [M]. 北京：中国农业出版社，2000.

[32] 郗荣庭. 果树栽培学总论（第三版）[M]. 北京：中国农业出版社，2001.

[33] 杨英军，张要战，李秀珍，等. 李树优良品种介绍 [J]. 河南农业科学，2003（3）：44-45.

[34] 姚允聪. 苹果三高栽培技术 [M]. 北京：中国农业大学出版社，1997.

[35] 姚允聪. 柿树三高栽培技术 [M]. 北京：中国农业大学出版社，1998.

[36] 于泽源. 果树栽培 [M]. 北京：高等教育出版社，2005.

[37] 张鹏，董靖知，王有年. 新编果农手册 [M]. 北京：中国农业出版社，1996.

[38] 张义勇. 果树栽培技术（北方本）[M]. 北京：北京大学出版社，2007.

[39] 张玉星，等 . 果树栽培各论 [M]. 北京：中国农业出版社，2003.

[40] 姚允聪 . 旱地果树优质丰产技术 [M]. 北京：中国农业大学出版社，1998.

[41] 姚允聪 . 果树十大配套栽培技术 [M]. 北京：中国农业大学出版社，1998.

[42] 姚允聪 . 常用农药使用技术 [M]. 北京：中国农业大学出版社，1998.

[43] 姚允聪 . 庭院种葡萄 [M]. 北京：中国农业出版社，2000.

[44] 姚允聪 . 优质高产果树新品种实用手册 [M]. 北京：海洋出版社，2000.

[45] 姚允聪，付占芳，李雄 . 观光果园建设：理论、实践与鉴赏 [M]. 北京：中国农业出版社，2008.